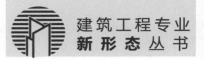
建筑工程专业
新形态丛书

建筑制图
与CAD

卢明真　　彭雯霏　　主　编
张婷婷　吴庆令　李　瑛　副主编

化学工业出版社
·北京·

丛书编委会名单

丛书主编：卓　菁

丛书主审：卢声亮

编委会成员（按姓氏汉语拼音排序）：方力炜　黄泓萍　李建华　刘晓霞　刘跃伟

卢明真　彭雯霏　陶　莉　吴庆令　臧　朋

赵　志

内 容 简 介

本书由简到繁使读者深入掌握施工图基本识读和绘制规范。共包括CAD基础、简单平立剖面图、总平面图、施工平立剖面图、节点详图、结构施工图、天正建筑、制图基本知识等12个项目、32个任务。另外本书每个项目都有操作视频（放入二维码中）与对应练习题、思考题，二维码内容还有建筑识图颗粒化知识点讲解以及建筑施工图CAD绘制过程分步讲解的视频。

本书中的各个项目难度递增，最终到绘制训练，强化建筑施工图的识读能力，改变传统先识图再徒手绘制的繁琐过程，更贴近现代人熟练电脑操作的习惯与爱好，从而更快速清晰地完成建筑施工图的识读训练与基础绘制能力训练。本书适合土建专业从业人员阅读参考，并可供高等院校、高职院校相关专业师生使用。

图书在版编目(CIP)数据

建筑制图与CAD／卢明真，彭雯霏主编. —北京：
化学工业出版社，2021.9（2025.2重印）
（建筑工程专业新形态丛书）
ISBN 978-7-122-39469-9

Ⅰ．①建… Ⅱ．①卢… ②彭… Ⅲ．①建筑制图—计算机辅助设计—AutoCAD软件—高等职业教育—教材 Ⅳ.
①TU204

中国版本图书馆CIP数据核字(2021)第130706号

责任编辑：徐　娟　　　　　　　　　　　　文字编辑：吴开亮
责任校对：宋　玮　　　　　　　　　　　　装帧设计：王晓宇

出版发行：化学工业出版社(北京市东城区青年湖南街13号　邮政编码100011)
印　　装：涿州市般润文化传播有限公司
787mm×1092mm　1/16　印张13　字数300千字　　2025年2月北京第1版第3次印刷

购书咨询：010-64518888　　　　　　　　售后服务：010-64518899
网　　址：http://www.cip.com.cn
凡购买本书，如有缺损质量问题，本社销售中心负责调换。

定　　价：78.00元

序

百年大计，教育为本；教育大计，教材为基。教材是教学活动的核心载体，教材建设是直接关系到"培养什么人""怎样培养人""为谁培养人"的铸魂工程。建筑工程专业新形态丛书紧跟建筑产业升级、技术进步和学科发展变化的要求，以立德树人为根本任务，以工作过程为导向，以企业真实项目为载体，以培养建设工程生产、建设、管理和服务一线所需要的高素质技术技能人才为目标。依托国家教学资源库、MOOC等在线开放课程、虚拟仿真资源等数字化教学资源同步开发和建设，数字资源包括教学案例、教学视频、动画、试题库、虚拟仿真系统等。

建筑工程专业新形态丛书共8册，分别为《建筑施工组织管理与BIM应用》（主编刘跃伟）、《建筑制图与CAD》（主编卢明真、彭雯霏）、《Revit建筑建模基础与实战》（主编赵志）、《建设工程资料管理》（主编李建华）、《建筑材料》（主编吴庆令、黄泓萍）、《结构施工图识读与实战》（主编陶莉）、《平法钢筋算量（基于16G平法图集）》（主编臧朋）、《安装工程计量与计价》（主编刘晓霞、方力炜）。本丛书的编写具备以下特色。

1. 坚持以习近平新时代中国特色社会主义思想为指导，牢记"三个地"的政治使命和责任担当，对标建设"重要窗口"的新目标新定位，按照"把牢方向、服务大局，整体设计、突出重点，立足当下、着眼未来"的原则整体规划，切实发挥教材铸魂育人的功能。

2. 对接国家职业标准，反映我国建筑产业升级、技术进步和学科发展变化要求，以提高综合职业能力为目标，以就业为导向，理论知识以"必需"和"够用"为原则，注重职业岗位能力和职业素养的培养。

3. 融入"互联网+"思维，将纸质资源与数字资源有机结合，通过扫描二维码，为读者提供文字、图片、音频、视频等丰富学习资源，既方便读者随时随地学习，也确保教学资源的动态更新。

4. 校企合作共同开发。本丛书由企业工程技术人员、学校一线教师共同完成，教师到一线收集企业鲜活的案例资料，并与企业技术专家进行深入探讨，确保教材的实用性、先进性并能反映生产过程的实际技术水平。

为确保本丛书顺利出版，我们在一年前就积极主动联系了化学工业出版社，我们学术团队多次特别邀请了出版社的编辑线上指导本丛书的编写事宜，并最终敲定了部分图书选择活页式形式，部分图书选择四色印刷。在此特别感谢化学工业出版社给予我们团队的大力支持与帮助。

我作为本丛书的丛书主编深知责任重大，所以我直接参与了每一本书的编撰工作，认真地进行了校稿工作。在编写过程中以丛书主编的身份多次召集所有编者召开专业撰写书稿推进会，包括体例设计、章节安排、资源建设、思政融入等多方面工作。另外，卢声亮博士作为本系列丛书的主审，也对每本书的目录、内容进行了审核。

虽然在编写中所有编者都非常认真地多次修正书稿，但书中难免还存在一些不足之处，恳请广大的读者提出宝贵的意见，便于我们再版时进一步改进。

温州职业技术学院教授 卓菁
2021年5月31日 于温州职业技术学院

前　言

　　《建筑制图与CAD》是土建类专业的一门基础课程，既有理论又有实践。本课程主要目标是培养学生具有阅读和绘制工程图纸的能力，并通过理论学习与实践训练，提升工程图识读和CAD图纸绘制的能力。

　　本书依据国家教学标准，结合企业项目实践的核心能力要求，融入"1+X"建筑工程识图职业技能等级考试能力要点，由浅入深安排项目。项目由基础制图、简单建筑施工图平立剖到常见住宅建筑施工图平立剖为主线，螺旋式进行项目实践训练，达成最终学习目标。本书将传统识图知识与AutoCAD软件绘制相结合，以快速有效的方式使学生掌握识图与制图的基本知识和能力。本书共12个项目，设计了"教学目标+理论知识+实践项目+思考练习"的教学模式，每个重要知识点都配有微课和动画作为新形态教学支撑材料，扫描书中二维码即可获取。

　　建议使用本书时配合翻转课堂形式进行，课前碎片化知识学习，课中针对重点加强巩固，针对难点深入剖析，课后巩固练习。本书可作为高职高专院校建筑工程技术、建筑设计、工程造价、建筑装饰、房地产经营与管理等土建类专业的教学用书，也可作为零基础制图员岗位培训教材。

　　本书主要由温州职业技术学院卢明真、彭雯霏担任主编，温州职业技术学院张婷婷、吴庆令及浙江大学城乡规划设计研究院有限公司高级工程师李瑛担任副主编，参加编写的还有温州职业技术学院的吴志堂、倪定宇、游家豪、戴晓星，杭州万向职业技术学院的姜宁，浙江旅游职业学院的于丹，四川建筑职业技术学院的付文静等。另外，非常感谢温州职业技术学院吴志堂、卓菁、戴晓星的认真审核，感谢温州市联大建筑设计有限公司、浙江嘉华建筑设计研究院有限公司等单位的大力支持。

　　由于编者水平所限，编写时间仓促，书中难免存在疏漏和不足之处，恳请广大读者批评指正。

编者

2021年4月

目录
CONTENTS

二维码清单

项目 1　CAD基础

任务1.1

CAD绘图基本知识

建议课时：1课时

教学目标

知识目标：工作界面、常用系统选项设置

能力目标：图层文件基本操作

思政目标：敬岗爱业、匠人情怀

在当今的计算机工程领域，AutoCAD是一款知名度高、适用性强、普及率广的应用型制图软件。它是美国Autodesk公司推出的集二维绘图、三维设计、参数化设计、协同设计等功能为一体的计算机辅助绘图软件包，从软件开发应用至今，经过多次版本更新和功能完善，现已经在机械、电子、室内装潢、家具设计及市政工程等多个领域得到了广泛的认可与应用，目前已成为计算机系统中应用最为广泛的图形软件之一。以下内容以AutoCAD 2018为准进行介绍。

1.1.1 工作界面

AutoCAD 2018
工作界面简介

完成 AutoCAD 2018的安装后，系统会在桌面上创建AutoCAD 2018的快捷方式启动图标，并在程序文件夹中创建 AutoCAD 2018程序组。通过双击桌面上的AutoCAD 2018快捷方式启动图标或双击任意一个AutoCAD图形文件，均能够启动 AutoCAD 2018。启动AutoCAD 2018后，系统将显示如图1-1所示的工作界面。用户可根据需要选择和调整为"经典"工作界面或自定义工作界面（如图1-2所示）。

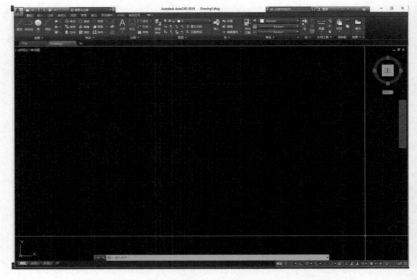

图1-1　AutoCAD 2018的"草图与注释"工作界面

1.1.1.1　标题栏

在AutoCAD 2018操作界面的最上端是标题栏。在标题栏中显示了系统当前正在运行的应用程序（AutoCAD 2018和用户正在使用的图形文件）。在用户第一次启动AutoCAD时，在AutoCAD 2018操作界面的标题栏中将显示AutoCAD 2018在启动时创建并打开的图形文件的名字"Drawing1.dwg"，如图1-1所示。

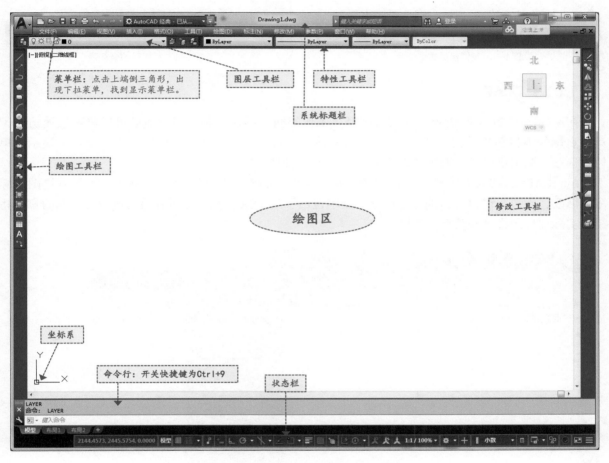

图1-2　AutoCAD 2018的自定义工作界面

1.1.1.2　绘图区与坐标系

绘图区是用户的工作窗口，是绘制、编辑和显示图形对象的区域，如图1-3所示。其中，有"模型"和"布局"两种绘图模式，两者之间通过单击"模型"和"布局"布局标签进行相互切换。

坐标系图标位于绘图区左下角，用于显示当前坐标系的位置、坐标原点和 X、Y、Z 轴正方向等，如图1-4所示。AutoCAD 2018的默认坐标系为世界坐标系。如果重新设定坐标系原点或调整坐标系的其他位置，则世界坐标系就会变为用户坐标系。

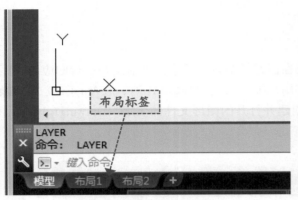

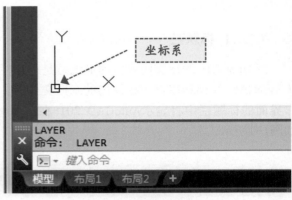

图1-3 绘图区的布局标签   图1-4 绘图区的坐标系

1.1.1.3 菜单栏

在AutoCAD 2018默认的"草图与注释"工作空间中不显示菜单栏，我们可以单击快速访问工具栏右侧的下拉三角按钮，弹出如图1-5所示的"自定义快速访问工具栏"菜单，单击"显示菜单栏"选项，调出菜单栏。调出菜单栏后的操作界面如图1-2所示。

AutoCAD 2018的菜单栏中包括12个菜单：文件、编辑、视图、插入、格式、工具、绘图、标注、修改、参数、窗口和帮助，这些菜单基本包括了AutoCAD 2018的所有绘图命令，后面的章节将结合实际项目围绕这些菜单展开讲述。

图1-5 显示菜单栏

1.1.1.4 工具栏

工具栏是一组图标型工具的集合，单击菜单栏中的"工具>工具栏>AutoCAD"，即可调出需要的工具栏，如图1-6所示。当光标停留在某个图标上时，将在该图标一侧显示相应的工具提示，同时在状态栏中显示对应的说明和命令名。此时，点击图标也可以启动相应的命令。

在已调出的工具栏处，右键，可以快速选择需要调出的其他工具栏。建筑工程制图常用的工具栏包括：绘图、修改、图层、特性等。

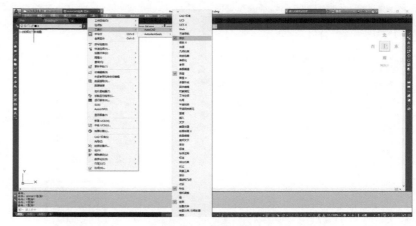

图1-6　调出工具栏

1.1.1.5 命令行和文本窗口

命令行是用户通过键盘输入命令、参数等信息的地方。用户通过菜单和功能区执行的命令也会在命令行中显示。用户可以通过Ctrl+9快捷键打开或者关闭命令行。文本窗口是记录 AutoCAD 2018历史操作命令的窗口，用户可以通过按F2 键打开文本窗口以便快速查看完整的历史记录，如图1-7所示。

图1-7　命令行和文本窗口

1.1.1.6 布局标签

AutoCAD 2018系统默认设定一个模型空间布局标签"模型"和两个图纸空间布局标签"布局1"和"布局2"，如图1-4所示。布局是系统为绘图设置的一种环境，包括图纸大小、尺寸单位、角度设定、数值精准度等，在系统预设的三个标签中，这些环境变量都按默认设置。用户根据实际需要改变这些变量的值。

1.1.1.7 状态栏

状态栏在屏幕的底部，显示功能开关按钮，图1-8列举状态栏常用集中功能开关及快捷键。在功能开关处右键，可以进行更多参数设置。

图1-8　状态栏

1.1.2　图形文件的基本操作

图形文件的基本操作

图形文件的管理是设计过程中的重要环节，为了避免由于误操作导致图形文件的丢失，在设计过程中需要随时对文件进行保存。图形文件的操作包括图形文件的新建、打开、保存和另存为等。

1.1.2.1　创建新图形文件

启动AutoCAD2018后，系统会自动新建一个名为Drawing.dwg的空白图形文件。还可以通过以下方式来完成创建新的图形文件。

①执行"文件>新建"命令。

②单击"菜单浏览器"按钮，在弹出的列表中执行"新建>图形"命令。

③单击快速访问工具栏中的"新建"按钮。

④在命令行中输入NEW命令，然后按Enter键。

⑤输入快捷键Ctrl+N。

⑥执行以上任意一种操作后，系统将自动打开"选择样板"对话框，从文件列表中选择需要的样板，然后单击"打开"按钮即可创建新的图形文件。

在打开图形时还可以选择不同的计量标准，单击"打开"按钮右侧的下拉按钮，若选择"无样板打开-英制"选项，则使用英制单位为计量标准绘制图形；若选择"无样板打开-公制"选项，则使用公制单位为计量标准绘制图形，如图1-9所示。AutoCAD2018支持同时打开多个文件，利用

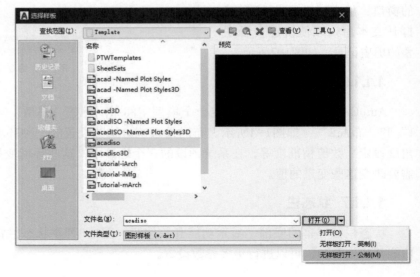

图1-9　创建新文件

AutoCAD的这种多文档特性，可以在打开的所有图形之间复制和粘贴图形对象。

1.1.2.2　打开图形文件

启动AutoCAD2018后，可以通过以下方式打开已有的图形文件。

①执行"文件>打开"命令。

②单击"菜单浏览器"按钮，在弹出的列表中执行"打开>图形"命令。

③在命令行中输入OPEN命令，然后按下Enter键。

④输入快捷键Ctrl+O。

1.1.2.3　保存图形文件

完成图形编辑后，要对图形文件进行保存，可以直接保存，也可以更改文件名称后保存为另一个文件。保存新建图形通过下列方式可以保存新建的图形文件。

①执行"文件>保存"命令。

②单击"菜单浏览器"按钮，在弹出的列表中执行"保存"命令。

③单击快速访问工具栏中的"保存"按钮。

④在命令行中输入SAVE命令，再按Enter键。

⑤输入快捷键Ctrl+S。

执行以上任意一种操作后，系统将自动打开"图形另存为"对话框，如图1-10所示。在"保存于"下拉列表中指定文件保存的文件夹，在"文件名"文本框中输入图形文件的名称，在"文件类型"下拉列表中选择保存文件的类型，最后单击"保存"按钮。平时制图过程中也要养成阶段性保存图形文件的习惯。

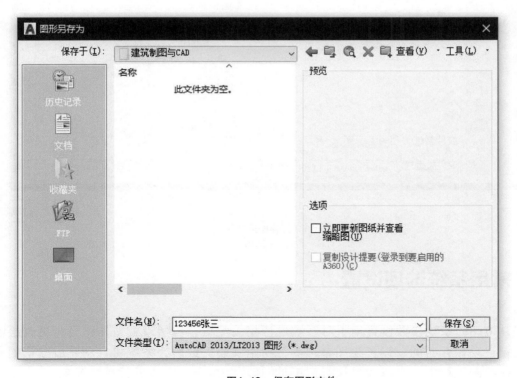

图1-10　保存图形文件

1.1.2.4 另存图形文件

对于已保存的图形，可以更改名称保存为另一个图形文件，或者改成早期版本。先打开该图形，然后通过下列方式进行更名保存或更改文件类型保存。

①执行"文件>另存为"命令。

②单击"菜单浏览器"按钮，在弹出的菜单中执行"另存为"命令。

③在命令行中输入SAVE命令，再按Enter键。

执行以上任意一种操作后，系统将自动打开如图1-11所示的"图形另存为"对话框，设置需要的名称及其他选项后保存即可。

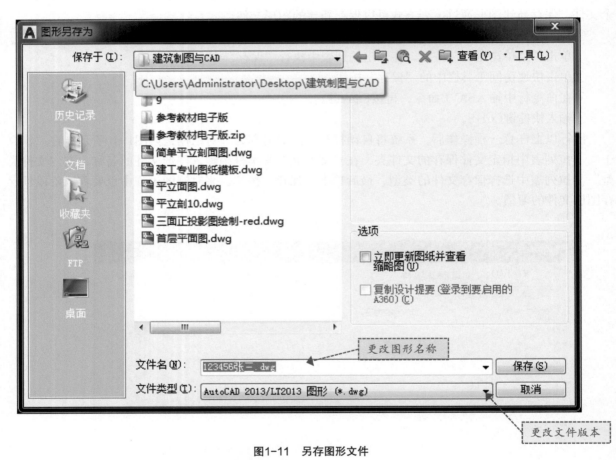

图1-11　另存图形文件

1.1.3　常用系统选项设置

AutoCAD2018的系统参数设置用于对系统进行相关配置，包括设置文件路径、更改绘图背景颜色、设置自动保存时间、设置绘图单位等。初始安装完成后，系统将自动完成默认的初始系统设置。在绘图过程中，可以通过执行"工具>选项"命令的方式进行系统配置。

1.1.3.1 文件打开和保存设置

在文件中可找到自动保存文件位置,如图1-12所示,用户可根据需要对其进行更改。

在"打开和保存"选项卡中,可以进行文件保存、文件安全措施、文件打开等方面的设置。

1.1.3.2 显示设置

打开"显示"选项卡,从中可以设置图形窗口颜色与十字光标大小等显示性能,如图1-13所示。

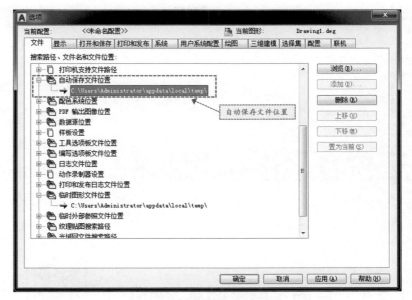

图1-12 自动保存文件位置

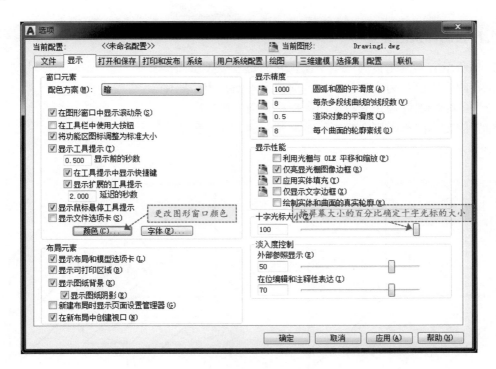

图1-13 显示设置

思考与练习

1. 如何将文件另存为更早期版本?
2. F3与F8分别为状态栏中的什么功能开关的快捷键?

任务1.2

三面正投影图绘制

建议课时：1课时
教学目标
  知识目标：三面正投影的基本知识
  能力目标：绘制三面正投影图
  思政目标：至拙至美、大道至简

1.2.1 三面正投影的基本知识

三面正投影的
基本知识

1.2.1.1 投影体系的建立

如图1-14所示有两两垂直的三个平面，它们是三个投影面。其中：
水平位置的投影面称为水平投影面，简称水平面，用H表示；
正前位置的投影面称为正立投影面，简称正面，用V表示；
右侧位置的投影面称为侧立投影面，简称侧面，用W表示。

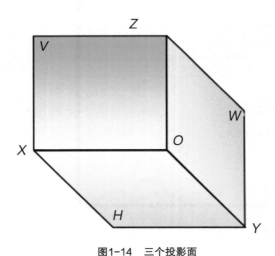

图1-14 三个投影面

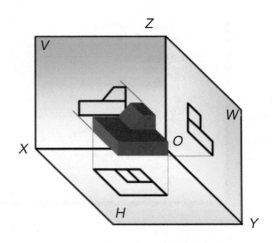

图1-15 三面正投影图

物体放如图1-15所示位置，H面上方，W面左方，V面前方。
自上往下在H面上得到的投影，称为水平投影图，简称水平投影、H面投影、平面图。
自左往右在W面上得到的投影，称为侧立投影图，简称侧立投影、W面投影、侧立面图。
自前往后在V面上得到的投影，称为正立投影图，简称正立投影、V面投影、正立面图。

1.2.1.2　投影面的展开

将图1-15中，V面保持不动，将H面绕OX轴向下转动90°，W面绕OZ轴向右转动90°，转动后V面、H面和W面就都在同一个平面上，如图1-16所示。

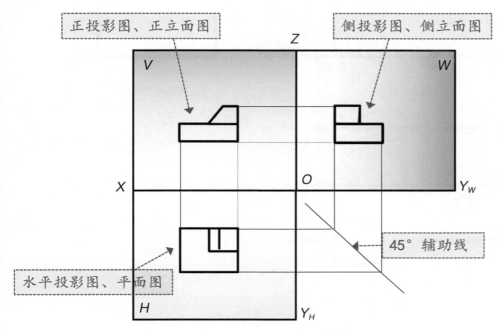

正投影图、正立面图

侧投影图、侧立面图

45°辅助线

水平投影图、平面图

图1-16　三面正投影展开图

1.2.1.3　三面投影的规律

三个投影图中，每个投影图都反映了物体长、宽、高中的两个方向的尺寸。水平投影与正立投影同长，正立投影与侧立投影同高，侧立投影与水平投影同宽。以上规律可以归纳为"长对正、高平齐、宽相等"，如图1-17所示。

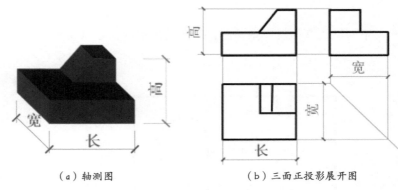

（a）轴测图　　　（b）三面正投影展开图

图1-17　长对正、高平齐、宽相等

1.2.2　三面投影图的绘制

根据三面正投影的基本知识识读下面组合体的投影图（图1-18、图1-19），熟悉"长、宽、高"在投影图中的对应关系，并完成三面投影图的绘制。

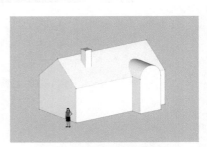

图1-18　组合图三维效果图

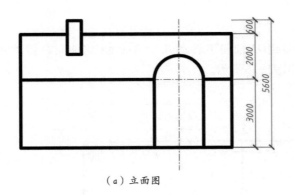

（a）立面图

（b）侧立面图

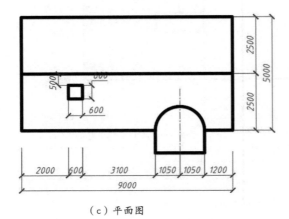

（c）平面图

图1-19　组合图三视图尺寸

下面以正立面投影图（图1-20）的绘制为例展开讲解。

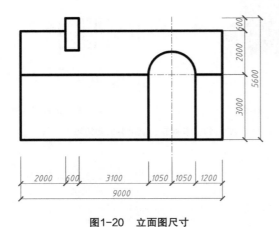

图1-20　立面图尺寸

1.2.2.1 设置图层

在命令行输入快捷命令LA（Layer），然后按空格键，跳出如图1-21所示图层管理器对话框；单击"新建图层"按钮，图层列表中出现一个新的图层名字"图层1"，修改该图层名字为"轮廓线"，同时修改线宽为0.70mm，双击该图层，置为当前图层，如图1-22所示。

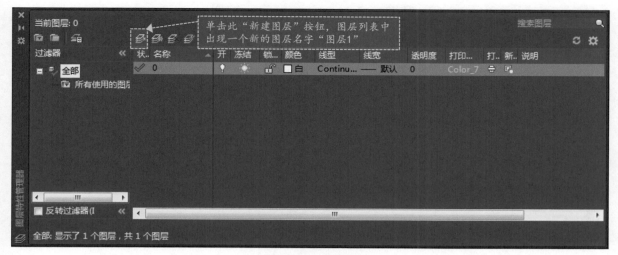

图1-21　图层管理器对话框

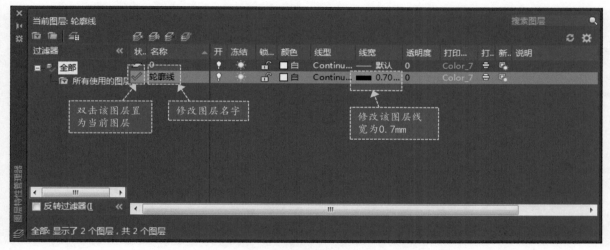

图1-22　修改图层属性

拓展小知识

图层设置

图标	名称	功能说明
	删除图层/置为当前	删除所选图层；设置所选图层为当前图层
	打开/关闭	将图层设定为打开或关闭状态
	解冻/冻结	将图层设定为解冻或冻结状态。当图层呈现冻结状态时，该图层上的对象均不会显示在屏幕上或由打印机打出，可加快执行绘图编辑命令的速度。而（打开/关闭）功能只是单纯将对象隐藏，因此并不会加快执行速度
	解锁/锁定	将图层设定为解锁或锁定状态
	打印/不打印	设定该图层是否可以打印图形

1.2.2.2 绘制矩形（注意需在电脑系统输入方式为“英文输入法”下进行）

①在命令行中输入快捷命令REC（Rectang），然后空格键。

②输入点坐标（9000，5000）确定另一个角点位置，如图1-23所示。

③按 Enter 键后，完成坐标矩形的绘制，如图1-24所示。

指定另一个角点或
9000
5000

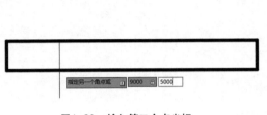

图1-23　输入第二个点坐标

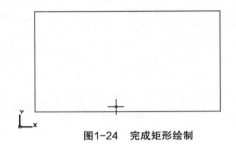

图1-24　完成矩形绘制

拓展小知识

1.学会看命令行，如图1-25命令行，根据命令行的提示进行操作。

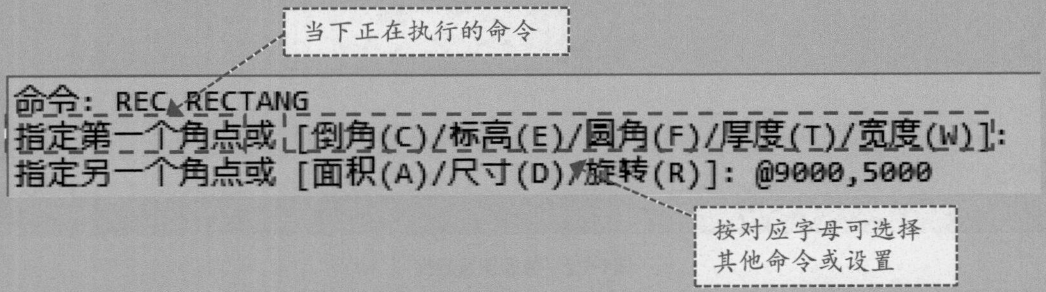

当下正在执行的命令
命令：_REC RECTANG
指定第一个角点或 [倒角(C)/标高(E)/圆角(F)/厚度(T)/宽度(W)]:
指定另一个角点或 [面积(A)/尺寸(D)/旋转(R)]: @9000,5000
按对应字母可选择其他命令或设置

图1-25　命令行

2.常用确定或结束命令的几种方式：Enter键、空格键、右键-确认或Esc键，根据具体情况使用时会略有差别。Enter键基本等同于右键-确认，它与空格键较多用来确定命令，而Esc键更多用来退出命令。以下根据设计师常用操作习惯来编写，并非唯一操作方式。

1.2.2.3 绘制直线/

①在命令行中输入快捷命令L（line），然后按空格键。

②指定第一点：（指定线段起点）；如图1-26指定第一个点。

③指定下一点或［放弃（U）］：（指定线段终点或输入“U”重新指定起点），如图1-27指定第二个点/端点。

④按Esc键结束。

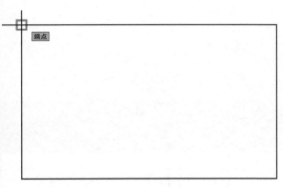

图1-26 指定第一个点

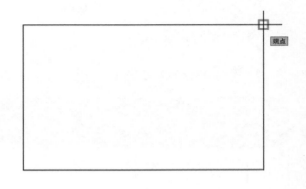

图1-27 指定第二个点

拓展小知识

1. 如果无法捕捉到端点，请确认命令行下方的"对象捕捉" 是否打开，开关快捷键为F3。
2. 如果要绘制一条长为9000mm的直线，在指定第一个点后，输入9000，然后两次Enter键可完成。

1.2.2.4 移动直线l_1

①在命令行中输入快捷键M（Move），然后按空格键。

②点选直线 l_1。

③指定基点，指定移动方向，输入2000，如图1-28输入移动距离。

④输入Enter键，完成直线向下移动2000mm，如图1-29立面外轮廓。

图1-28 输入移动距离

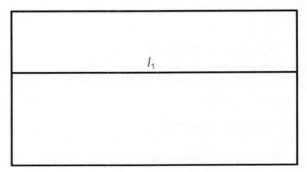

图1-29 立面外轮廓

拓展小知识

1. 常用的选择方式如下。

名称	操作	阴影覆盖为选择框	选择后的图形
点选	点中即为选中		
框选	点击顺序从左到右		
交叉选	点击顺序从右到左		

2. 正交模式。可以打开正交模式，辅助控制方向为水平或竖直方向，快捷命令F8。

1.2.2.5 绘制直线 l_2

移动到对应位置，如图1-30所示（重复1.2.2.3和1.2.2.4）。

1.2.2.6 复制直线 l_2

①在命令行中输入快捷命令CO（Copy），然后按空格键。

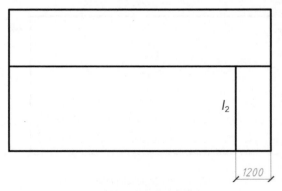

图1-30 移动直线

②点选直线 l_2。

③指定基点，得到直线 l_3，指定复制方向，输入2100，如图1-31复制新直线 l_3。

④输入Enter键，完成复制直线 l_3，如图1-32完成直线复制。

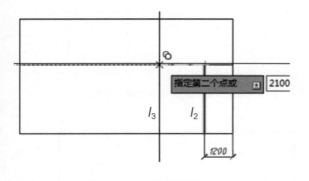

图1-31　复制新直线

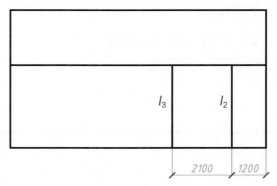

图1-32　完成直线复制

1.2.2.7　绘制圆形

①在命令行中输入快捷命令C（Circle），然后按空格键。

②指定圆心。

③指定圆半径1050mm，如图1-33绘制圆形。

④输入Enter键，完成圆形绘制。

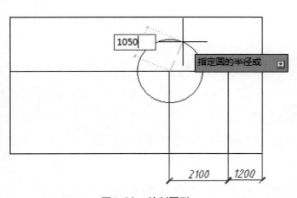

图1-33　绘制圆形

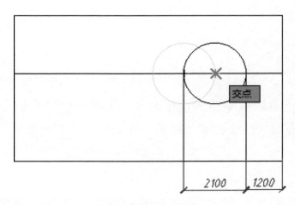

图1-34　完成圆顶

1.2.2.8　移动圆

移动圆到如图1-34位置，完成圆顶。

1.2.2.9　修剪不需要的图形

①在命令行中输入快捷命令TR（Trim），然后按空格键。

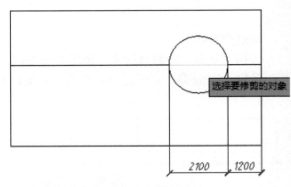

②再次按空格键，全部选择。

③点选要修剪的图形部分，如图1-35所示。

④以空格键完成操作，完成如图1-36立面主轮廓绘制。

1.2.2.10 完成烟囱绘制

图1-37为立面完成图。

图1-35 点选需修剪图形

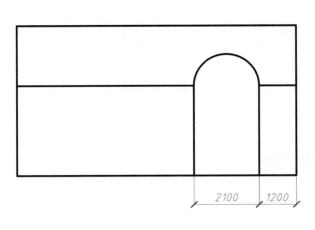

图1-36 立面主轮廓

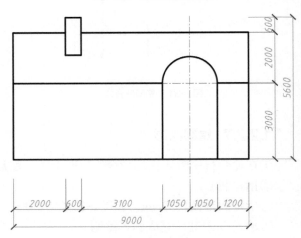

图1-37 立面完成图

拓展小知识

修剪命令的使用： 当修剪有干扰时，可点选与修剪相关图形，再输入空格键即可；实际绘图过程中无干扰情况居多，所以一般可以用两次空格键直接进入修剪操作。

思考与练习

立面烟囱绘制

1. 如何根据已知条件完成立面烟囱的绘制。
2. 完成平面图和侧立面图的绘制。
3. 复习绘图命令并熟记对应快捷键：矩形（Rec）、直线（L）、圆形（C）。
4. 复习编辑命令并熟记对应快捷键：移动（M）、复制（CO）、修剪（TR）。

任务1.3
标准图框绘制

建议课时： 2课时

教学目标

　　知识目标：A3图框的制图规范

　　能力目标：能够按照规范绘制A3图框

　　思政目标：细致入微、领略匠心

1.3.1　A3图框绘制

A3图框外框线绘制

　　根据制图规范，如图1-38所示，绘制A3图框，如图1-39所示。

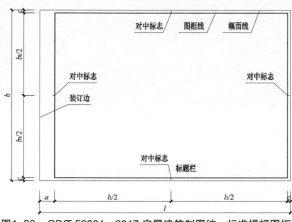

图1-38　GB/T 50001—2017 房屋建筑制图统一标准横幅图框

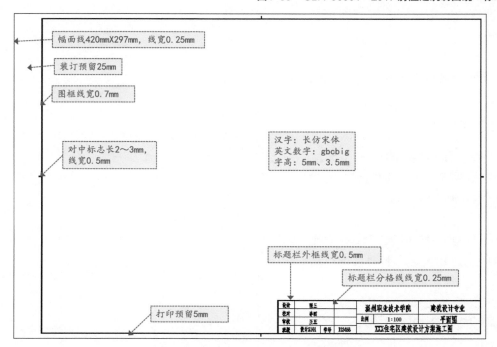

图1-39　AutoCAD 2018绘制的A3标准图框

1.3.1.1 新建图层

①输入快捷命令LA，打开图层特性管理器。

②新建名称为"图框"的新图层，设置颜色为6号（青色），线型为continuous，线宽为默认，双击置为当前图层，如图1-40所示。

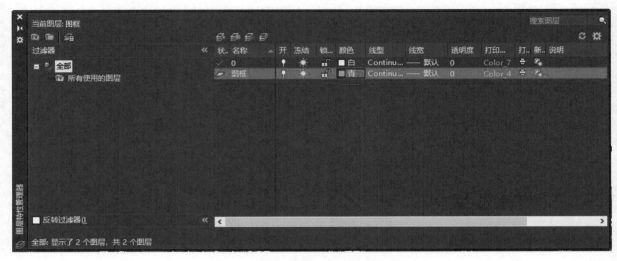

图1-40 新建"图框"图层

1.3.1.2 幅面线（420mm×297mm的矩形）

①输入矩形命令快捷键REC、空格键。

②绘图区内点下鼠标左键，即可指定第一个角点。

③输入420，297，如图1-41所示，回车键，即可指定另一个角点，绘制出A3幅面线。

图1-41 指定另一个角点

1.3.1.3 图框线

①输入偏移命令快捷键O、空格键。

②指定偏移距离或［通过(T)/删除(E)/图层(L)] <1.0000>: 输入数字5，空格确定。

③选择要偏移的对象，或［退出(E)/放弃(U)] <退出>: 本例点击已绘制幅面线。

④指定要偏移的那一侧上的点，或［退出(E)/多个(M)/放弃(U)] <退出>: 点击幅面线内部任意空白处，如图1-42所示。

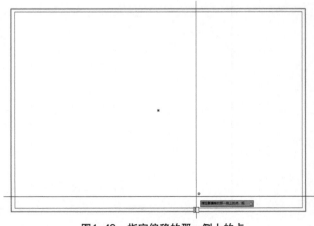

图1-42 指定偏移的那一侧上的点

⑤选择要偏移的对象，或 [退出(E)/放弃(U)] <退出>：　空格键结束命令。

点击图框线左侧线段调节点，向左水平移动，输入数值20，如图1-43所示，注意在正交模式下进行。

双击图框线，如图1-44所示从弹出下拉菜单中选择线宽，输入数值0.7，回车键确认尺寸，空格键结束命令，得到如图1-45所示图框。

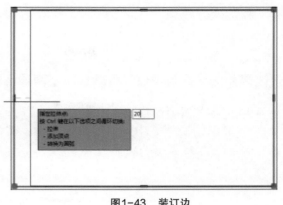

图1-43　装订边

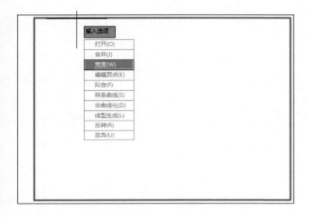

图1-44　编辑多段线

图1-45　完成图框线

1.3.1.4　对中标志

在图框线四条边中点绘制对中标志，长2.5mm。

输入多段线命令快捷键PL、空格键。

点击线段中点，指定线段起点，根据命令行提示进行操作。

①指定下一个点或 [圆弧(A)/半宽(H)/长度(L)/放弃(U)/宽度(W)]: w　输入W设置宽度。

②指定起点宽度 <2.5000>: 0.5　设置起点宽度为0.5mm，输入0.5，回车键。

③指定端点宽度 <0.5000>:　设置端点宽度为0.5mm，输入0.5，回车键。

图1-46　完成对中标志

④指定下一个点或 [圆弧(A)/半宽(H)/长度(L)/放弃(U)/宽度(W)]: 2.5　指定端点距离为2.5mm，注意保持光标方向为正交，输入2.5，回车键结束命令。

同上方法，完成四个对中标志的绘制，如图1-46完成对中标志。

如果无法捕捉到中点，可能是以下两种情况。

（1）确定"对象捕捉状态" 是否开启，开关快捷键F3。

（2）默认情况下，中点捕捉未被勾选，需勾选"中点"才可进行中点捕捉，点击对象捕捉旁边的下拉符号 即可找到。

1.3.2　标题栏绘制

A3图框标题栏绘制

尺寸如图1-47标题栏尺寸所示。

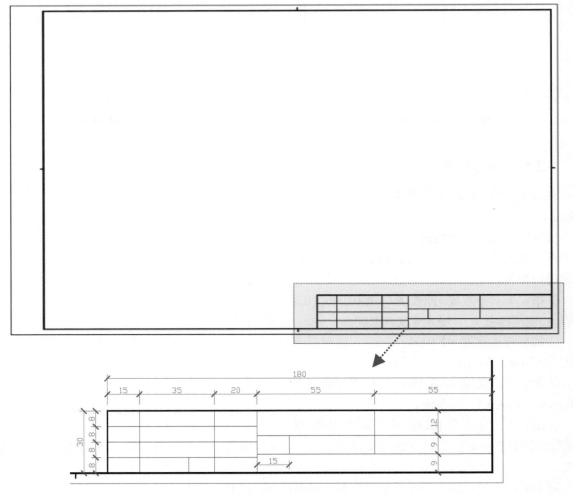

图1-47　标题栏尺寸

1.3.2.1　标题栏外框线

①输入多段线命令快捷键PL、空格键。

②光标移到图框左下角位置，如图1-48移到圆圈中角点，会出现捕捉标注，光标向上移动会同时出现正交指示虚线，此时可输入30，回车键，完成相对于图框左下角向上30mm点的捕捉。

③之后，再将光标方向向左，输入180，回车键，如图1-49所示。

④光标方向向下，输入30，回车键即可完成标题栏外框线绘制，如图1-50所示。

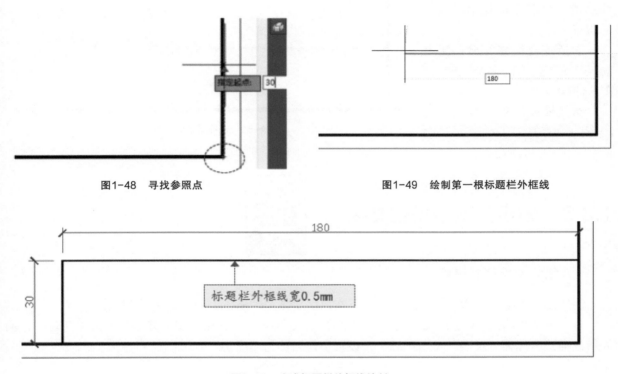

图1-48　寻找参照点　　　　　　　　　图1-49　绘制第一根标题栏外框线

图1-50　完成标题栏外框线绘制

多段线线宽设置： 由于绘制对边中线已经设置多段线线宽为0.5mm，所以在绘制标题栏外框时可以不用再次设置。如在这两个操作中间修改过多段线线宽为其他数值，需要重新改回需要的数值。

1.3.2.2　标题栏剩余线段

剩余线段用直线L命令可完成绘制，综合应用复制CO、移动M、偏移O等编辑命令可加快绘制速度。

例如，使用偏移命令完成同为7.5mm距离的直线的偏移。

①输入偏移命令O、空格键。

②指定偏移距离或 [通过(T)/删除(E)/图层(L)] <通过>: 7.5　指定偏移距离输入7.5mm，输入7.5，回车键。

③选择要偏移的对象，或 [退出(E)/放弃(U)] <退出>:　点击要偏移的直线。

④指定要偏移的那一侧上的点，或 [退出(E)/多个(M)/放弃(U)] <退出>:　在要偏移的一侧点击鼠标左键即可完成偏移（图1-51）。

⑤选择要偏移的对象，或 [退出(E)/放弃(U)] <退出>:　继续点击，可继续重复相同尺寸的偏移。

⑥指定要偏移的那一侧上的点，或 [退出(E)/多个(M)/放弃(U)] <退出>。

⑦选择要偏移的对象，或 [退出(E)/放弃(U)] <退出>:*取消*　按Esc退出命令。

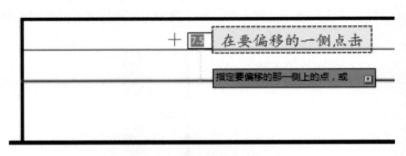

图1-51　选择需要偏移的一侧

1.3.3　固定文字与填空文字

1.3.3.1　文字样式设置

例如设置汉字字体为"长仿宋体"，英文数字字体为"gbcbig.shx"，方法如下。

点开菜单栏格式-文字样式，跳出"文字样式"对话框，以Standard为基础，点击"新建"，输入新建样式名称为"汉字"（图1-52），设置字体名称为"汉字"。

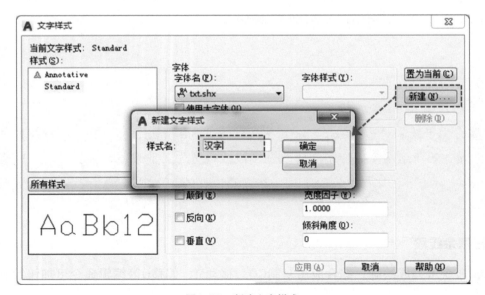

图1-52　新建文字样式

设置"汉字"字体名为"仿宋"，宽度因子为"0.7"，点击"置为当前"可设置改字体为当前使用字体，如图1-53所示。

同样方法，新建"英文数字"字体样式，设置字体名为"gbeitc.shx"，勾选"使用大字体"，选择大字体"gbcbig.shx"，保持比例因子"1.0"，如图1-54所示，完成英文数字字体样式的新建。

图1-53 汉字字体设置参数

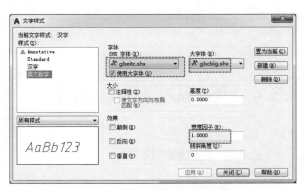

图1-54 英文数字字体设置参数

1.3.3.2 标题栏的固定文字

输入文字命令T，在标题栏对应空格处点击对角点，弹出如图1-55所示对话框，注意文字样式是否正确，正常选择字体高度为3.5mm，输入所需文字，点击"确定"，逐一完成固定文字的输入，如图1-56所示。也可用复制命令完成其他剩余文字的复制，双击可对文字进行编辑。

图1-55 文字输入对话框

设计			
校对		比例	
审核			
班级	学号		

图1-56 固定文字

1.3.3.3 标题栏的填空文字

为了方便图框的使用，建议填空文字用"定义属性"命令完成，快捷命令为ATT，弹出如图1-57所示对话框，完成相应文字的输入，即可完成填空文字的填写。除标题文字外，其他大部分文字字高为3.5mm，如图1-58所示。

图1-57 定义属性对话框

设计	张三			温州职业技术学院	建筑设计专业
校对	李四			比例	1:100	平面图
审核	王五				
班级	设计2101	学号	123456	×××住宅区建筑设计方案施工图	

图1-58　填空文字

1.3.4　图框块创建与应用

图框块创建
与应用

1.3.4.1　创建图框块

输入创建块命令快捷键B，空格，弹出如图1-59所示定义块对话框。

因为在选择的对象中有定义属性的文字，所以会继续弹出如图1-60所示对话框，点击"确定"即可，如此创建的图框便可以方便对填空文字进行修改，双击图框块，弹出图1-61增强属性编辑器对话框，可对标题栏中的填空文字进行修改。

图1-59　定义块

1.3.4.2　1:100图框的制作

按照1:1绘制的A3图框，在作为建筑工程施工图图框使用时，如果图纸比例采用1:100，则需要对图框放大100倍后才可使用，放大方法如下。

① 输入缩放命令快捷键SC，回车键。

②点击指定对象"图框块"。

③指定比例因子或 [复制(C)/参照(R)]：100　输入比例因子100，回车键，即可完成图框放大，如图1-62所示。

图1-60　定义块

图1-61　增强属性编辑器

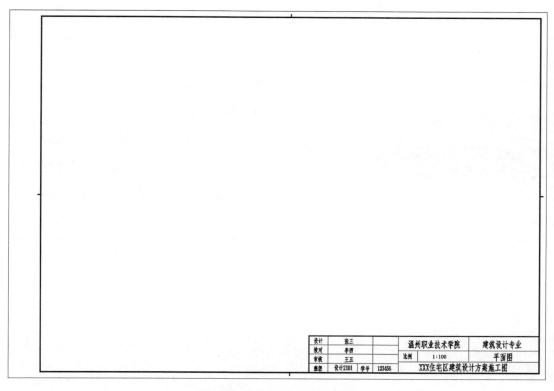

图1-62　　比例为1：100的A3图框

全屏显示： 如果使用鼠标滚轮无法实现全屏显示，可用快捷命令"Z-空格-A-空格"，完成全屏显示。

思考与练习

1. 如何编辑多段线宽度？

2. 如何设置文字样式？

3. 完成A3竖式图框的绘制。

4. 复习绘图命令并熟记对应快捷键：多段线（PL）、文字（T）、定义属性（ATT）、创建块（B）。

5. 复习编辑命令并熟记对应快捷键：偏移（O）、缩放（SC）。

任务1.4

五星红旗绘制

建议课时： 2课时

教学目标

　　知识目标：五星红旗的制图规范

　　能力目标：能够按规范尺寸绘制红星红旗

　　思政目标：爱国情怀、民族精神

拓展小知识

五星红旗：

　　设计者是曾联松，来自浙江瑞安。常用的主要有5种规格：甲：长288cm，高192cm；乙：长240cm，高160cm；丙：长192cm，高128cm；丁：长144cm，高96cm；戊：长96cm，高64cm。一星较大，其外接圆直径为旗高3/10，居左；其外接圆直径为旗高1/10，环拱于大星之右侧，并各有一个角尖正对大星的中心点，如下所示。

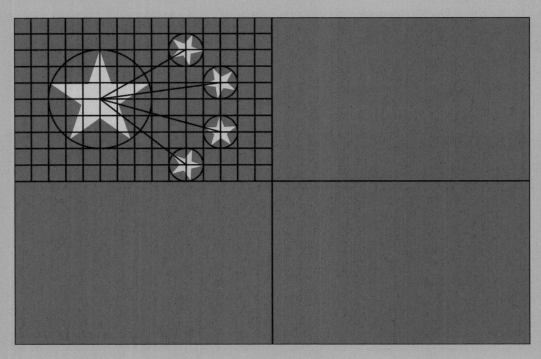

1.4.1　红旗形体绘制

五星红旗形
体绘制

1.4.1.1　绘制旗面（尺寸2400mm×1600mm）

①命令:REC RECTANG。

②指定第一个角点或 [倒角(C)/标高(E)/圆角(F)/厚度(T)/宽度(W)]：　指定第一个角点。

③指定另一个角点或 [面积(A)/尺寸(D)/旋转(R)]：@2400，1600：　输入2400、1600，回车。

1.4.1.2　绘制辅助线

①直线连接矩形四个中点，完成旗面四等分，如图1-63所示。

②利用复制或者偏移命令完成右上角旗面分割参考线，横竖间隔均为80mm，如图1-64所示。

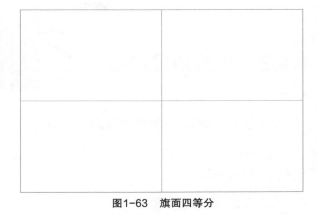

图1-63　旗面四等分

1.4.2　大五角星绘制

大五角星绘制

1.4.2.1　绘制五边形作为辅助

①命令: POL　输入多边形快捷命令。

②POLYGON 输入侧面数 <4>: 5　输入5，回车键。

③指定正多边形的中心点或 [边(E)]：　指定中心点。

④输入选项 [内接于圆(I)/外切于圆(C)] <I>：I　选择内接于圆。

⑤指定圆的半径：　指定第二个点确定半径，如图1-65所示。

1.4.2.2　绘制大五角星

直线连接五边形各个角点，形成如图1-66所示图形。

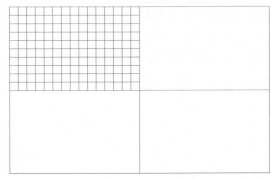

图1-64　80×80参考线

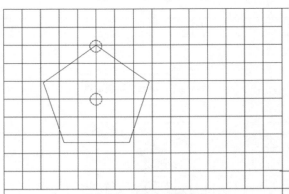

图1-65　大五角星辅助线

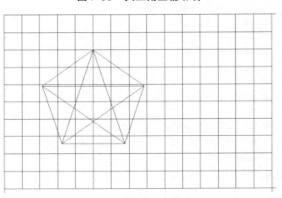

图1-66　大五角星

1.4.3 小五角星绘制

1.4.3.1 绘制小五角星内接圆作为辅助线

先绘制小五角星辅助线，输入圆形快捷键C，如图1-67所示，点击圆心，再点击一个方格距离交叉点，完成圆形绘制。

1.4.3.2 绘制小五角星

①点击菜单栏"绘图-点"，找到定数等分命令，如图1-68所示，输入数字5，回车键。

②点击菜单栏"格式-点样式"，如图1-69所示弹出点样式对话框，选择一个容易识别的样式，图面上便会清楚地出现如图1-70所示点的位置。

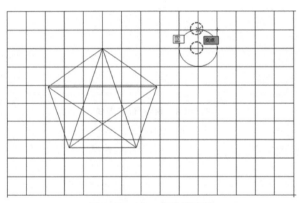

图1-67　小五角星辅助线

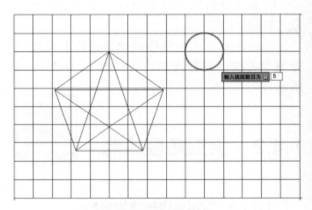

图1-68　定数等分命令

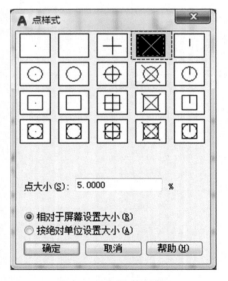

图1-69　点样式对话框

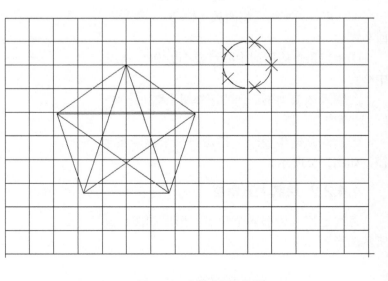

图1-70　点样式显示结果

③默认情况下，无法选中上述等分点，需如图1-71点捕捉命令旁边的下拉三角按钮，勾选"节点"选项，再输入直线命令，如图1-72完成小五角星的绘制。

1.4.3.3　复制完成剩余三个小五角星

复制完成剩余小五角星，如图1-73所示。

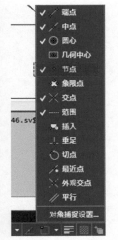

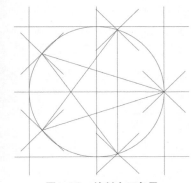

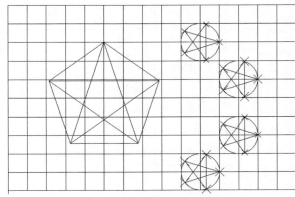

图1-71　勾选"节点"　　　　图1-72　绘制小五角星　　　　　　图1-73　复制完成剩余小五角星

1.4.3.4　旋转小五角星，使每个小五角星一个角尖正对大星的中心点

输入旋转命令快捷键RO，空格。

命令: RO

ROTATE

UCS 当前的正角方向: ANGDIR=逆时针　ANGBASE=0

选择对象: 指定对角点: 找到 11 个　　从左到右框选小五角星，如图1-74所示。

指定基点:　　如图1-74点击小五角星圆形。

指定旋转角度，或 [复制(C)/参照(R)] <0>:　　如图1-75点击大五角星中心，即可完成五角星旋转。

空格键重复旋转命令操作，完成剩余小五角星的旋转，得到图1-76。

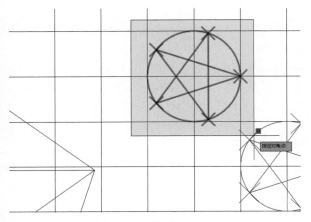

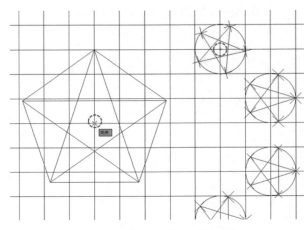

图1-74　框选要旋转的小五角星　　　　　　图1-75　完成一个小五角星旋转

31

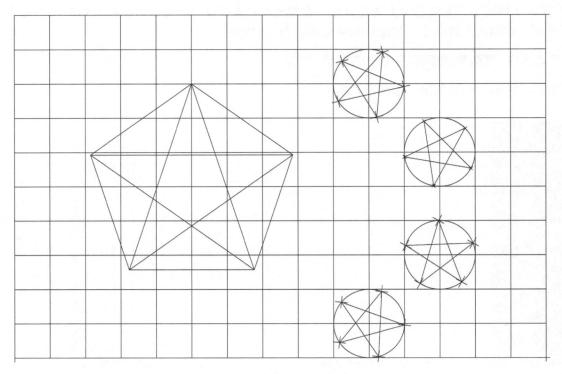

图1-76　完成剩余小五角星的旋转

1.4.4　填充颜色

1.4.4.1　删除所有辅助线

删除所有辅助线，如图1-77所示。

①修剪五角星中间所有多余的线条，输入修剪命令快捷键TR，空格。

②再次空格，全选所有线条图形。

③点选需要修剪的线段，得到图1-78。

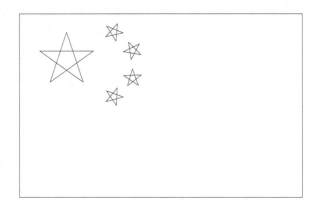

图1-77　删除所有辅助线

图1-78　修剪多余线条

1.4.4.2　填充五角星颜色

①输入填充快捷键H，空格键，弹出图1-79"图案填充和渐变色"对话框。

②选择"颜色"为黄色。

③点击"样例"，弹出"填充图案选项板"，在其他预定义中选择SOLID样例。

④点击"添加：拾取点"，在界面中点击五角星中心位置，即可选中以该点为中心的围合图形的边界线。

⑤完成五个五角星边界选择后，空格键，确定选择完成。

⑥在"图案填充和渐变色"对话框中点击"确定"完成图案填充，如图1-80所示五角星颜色填充完成。

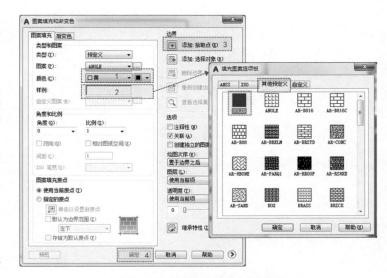

图1-79　"图案填充和渐变色"对话框

1.4.4.3　填充红旗颜色

用填充命令完成红旗颜色的填充，如图1-81所示，五星红旗完成绘制。

图1-80　五角星颜色填充

图1-81　红旗颜色填充

思考与练习

1. 如果使用正五边形作为绘制小五角星的辅助线，旋转命令该如何操作？
2. 复习绘图命令并熟记对应快捷键：多边形（POL）、填充（H）。
3. 复习编辑命令并熟记对应快捷键：旋转（RO）。

项目 2　简单平面图

任务2.1

平面图识读

建议课时： 2课时

教学目标

　　知识目标：简单平面图的图示内容

　　能力目标：掌握简单平面图的识读

　　思政目标：化繁为简、脚踏实地

2.1.1　平面图的生成与作用

平面图的生成

2.1.1.1　平面图的生成

　　假想用一水平剖切平面，沿着房屋门窗洞口处将房屋剖开，移去剖切平面以上部分，向水平投影面作正投影所得的水平投影图，称为建筑平面图，简称平面图。以项目建筑为例，平面图的形成图解如图2-1所示。

2.1.1.2　平面图的作用

　　建筑平面图是指用以表达房屋建筑的平面形状，房间布置，内外交通联系，以及墙、柱、门窗等构配件的位置、尺寸、材料和做法等内容的图样。建筑平面图简称"平面图"。

　　平面图是建筑施工图的主要图样之一，是施工过程中，房屋的定位放线、砌墙、设备安装、装修及编制概预算、备料等的重要依据。

2.1.2　简单平面图的图示内容

　　该平面图图示内容如图2-2所示，包括墙体与平面布置，门窗、定位轴线、尺寸标注、文字标注、其他标注几个部分。

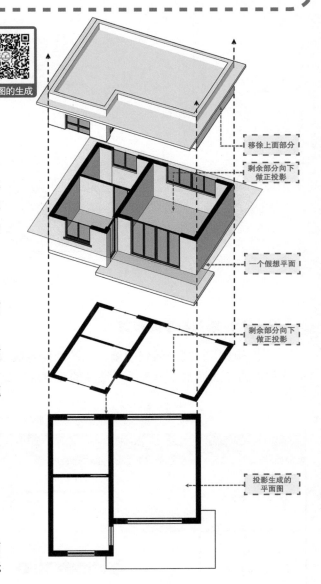

移徐上面部分

剩余部分向下做正投影

一个假想平面

剩余部分向下做正投影

投影生成的平面图

图2-1　平面图生成分解图

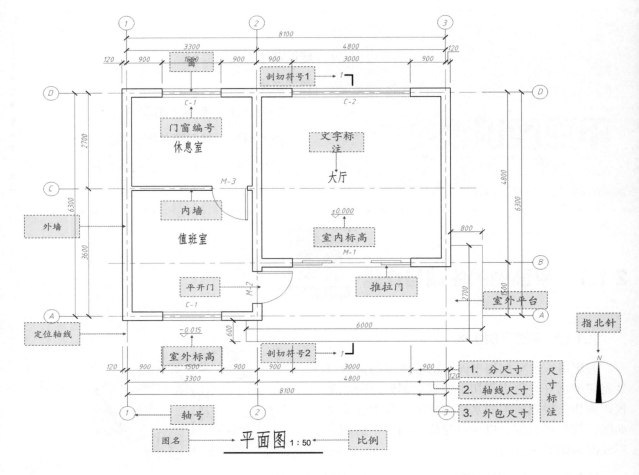

图2-2　平面图图示内容

2.1.2.1　墙体与平面布置

在平面图中，被剖切到的墙、柱的断面轮廓线用粗实线画出。砖墙一般不画图例，钢筋混凝土的柱和墙的断面通常涂黑表示。墙体的厚度应按比例画出，如表2-1所示。

表2-1　墙体图例

名称	平面图例	立体图示
墙体（砖墙）		
墙体（钢筋混凝土）		

平面布置是平面图的主要内容，着重表达各种用途房间的关系，如图2-3所示。

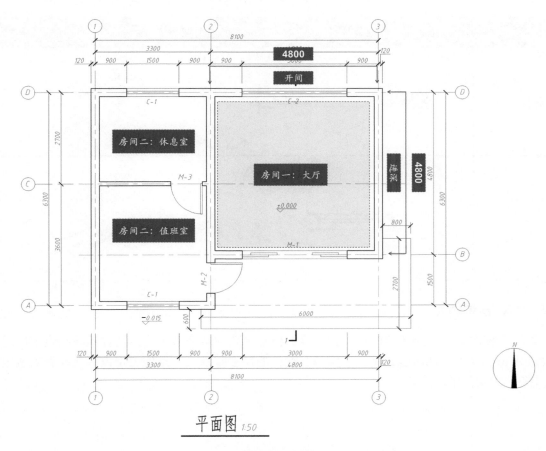

平面图 1:50

图2-3　平面布置

2.1.2.2　门窗

门与窗均按图例画出，如表2-2所示。门线用90°或45°的中实线(或细实线)表示开启方向；窗线用两条平行的细实线（高窗用细虚线）表示窗框与窗扇。门窗的代号分别为"M"和"C"。门窗代号的后面都注有编号，编号为阿拉伯数字，同一类型和大小的门窗为同一代号和编号。

表2-2　门窗图例（简单）

名称	平面图例	立体图示
平开门		

续表

名称	平面图例	立体图示
推拉门	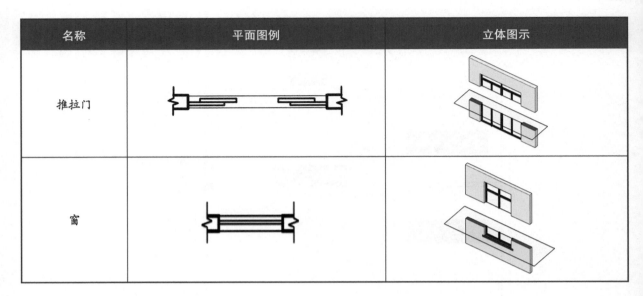	
窗		

2.1.2.3 定位轴线

在建筑工程图中，凡是主要的墙、柱、梁的位置都要用轴线来定位，定位轴线确定了房屋各承重构件的定位和布置，同时也是其他建筑构、配件的尺寸基准线，是施工定位、放线和测量定位的依据。图2-4为定位轴线示意。

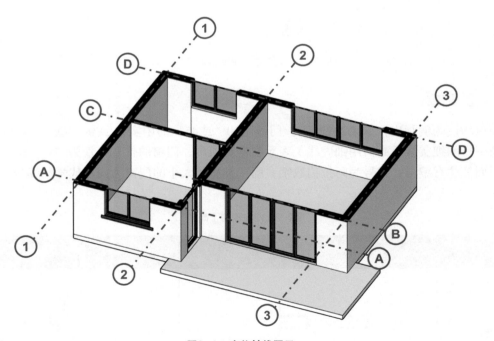

图2-4 定位轴线图示

①定位轴线应用细点画线绘制。定位轴线一般应编号，编号应注写在轴线端部的圆内。圆应用细实线绘制，直径为8~10mm。

②横向编号应用阿拉伯数字，从左至右顺序编写，竖向编号应用大写英文字母，从下至上顺序编写，如图2-5所示。

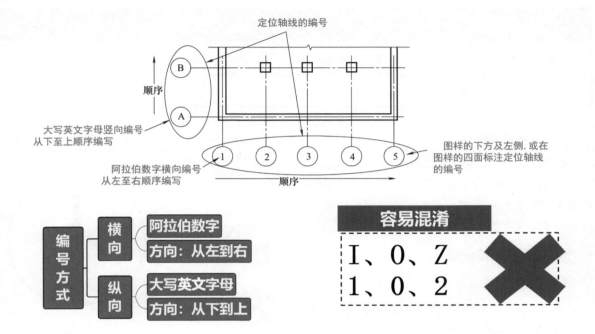

图2-5　定位轴线编号

2.1.2.4 尺寸标注

平面图中标注的尺寸包括外部尺寸和内部尺寸。通过这两种尺寸可表示建筑物中房间的开间大小、门窗的平面位置及墙厚等。

（1）外部尺寸

为了方便读图和施工，从里往外通常为三道尺寸。

①最里侧尺寸为分尺寸，表示门窗洞口的宽度和位置、墙柱的大小和位置等。

②中间一道尺寸为轴线尺寸，表示轴线之间的距离，通常为房间的开间和进深尺寸。

③最外侧尺寸为外包尺寸，表示外轮廓的总尺寸，即指从一端外墙边到另一端外墙边的总长和总宽尺寸。

（2）内部尺寸

内部尺寸一般用一道尺寸线标注。用于表示室内的门窗洞、孔洞、墙厚、房间净空和固定设施等的大小和位置。

2.1.2.5 文字标注

（1）图名比例

平面图下方标注图名，图名下方应加一条粗实线。图名右方标注比例，比例是图形与实物相对应的线性尺寸之比，即：比例＝$\frac{图上尺寸}{实际尺寸}$。建筑平面图的比例应根据建筑物的大小和复杂程度选定，常用比例为1：50、1：100、1：200，多用1：100。比例标注的基准线应取平，比例的字高应比图名的字小一号或两号。

根据《建筑制图标准》（GB/T 50104—2010）的规定，建筑制图选用的比例，宜符合表2-3的规定。

表2-3　建筑制图常用比例

图　名	比　例
建筑物或构筑物的平面图、立面图、剖面图	1 : 50、1 : 100、1 : 150、1 : 200、1 : 300
建筑物或构筑物的局部放大图	1 : 10、1 : 20、1 : 25、1 : 30、1 : 50

（2）其他文字标注

注明每个房间或空间的用途，比如"接待室"，也可以用数字+索引的方式表达。对于部分用文字更能表示清楚，或者需要说明的问题，可在图上用文字说明。文字应该使用长仿宋字。

2.1.2.6　其他标注

（1）指北针

在底层建筑平面图上，一般都画有指北针，以指明建筑物的朝向。

指北针圆的直径宜为24mm，用细实线绘制。指针尾端的宽度为3mm，需用较大直径绘制指北针时，指针尾部宽度宜为圆的直径的1/8，指针涂成黑色，针尖指向北方，并注"北"或"N"字。指北针的识读如图2-6所示。

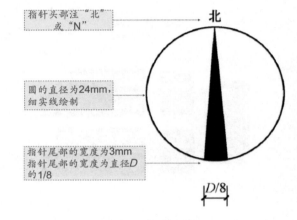

图2-6　指北针的绘制

（2）标高标注

在底层平面图中，还应标注室内外地面的标高，表明该楼、地面对首层地面的零点标高（±0.000）的相对高度。标高符号应以直角等腰三角形表示，按图2-7所示的形式用细实线绘制。标高符号的尖端应指至被标注高度的位置。尖端一般应向下，也可向上。尖端指向短横线是需标注高度的界线，引出长横线之上或之下标注出标高数字，标高数字应以米（m）为单位，注写到小数点后

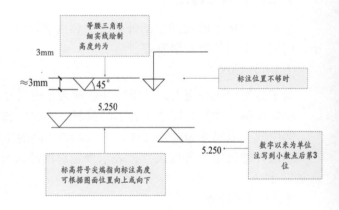

图2-7　标高符号的绘制

第三位，在数字后面不注写单位，常以房屋的底层室内地面作为零点标高，注写形式为：±0.000;零点标高以上为正，标高数字前不必注写　"＋"号;零点标高以下为负，标高数字前必须注写"－"号。

（3）剖切符号

建筑剖面图的剖切符号，如1—1、2—2等，也应在首层平面图对应剖切位置标注，以明确剖面图的剖切位置和投影方向。剖切符号中较长的粗实线为剖切位置线，表示对应的剖面

剖切符号

图在此处被剖切，较短的粗实线为投影方向线，指向投影方向，表达方式如图2-8所示。

2.1.3　简单平面图识读

2.1.3.1　简单平面图的识读步骤

①了解平面图的图名、比例。

②了解建筑的朝向。

③了解建筑的平面布置。

④了解建筑平面图上的尺寸。

⑤了解建筑中各组成部分的标高情况。

⑥了解门窗的位置及编号。

⑦了解建筑剖面图的剖切位置。

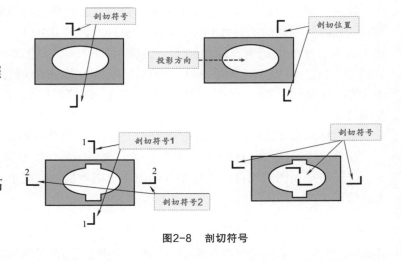

图2-8　剖切符号

2.1.3.2　简单平面图识图示例

图2-9为一简单建筑的平面图。作为示例，看看我们可以从图中得到哪些信息。

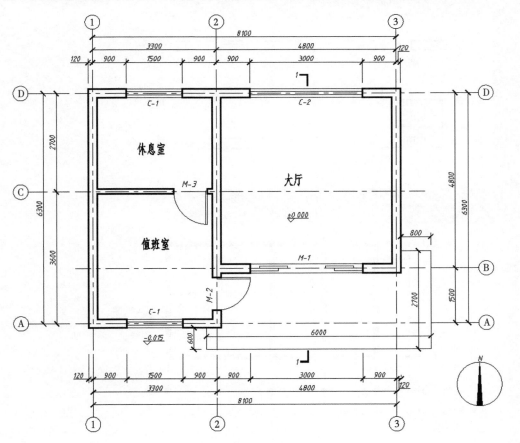

图2-9　简单平面图

该平面图是首层平面图，是用1：50的比例绘制。（图名、比例）

该建筑坐北朝南，形状规整，共有三个房间，分别为大厅、值班室与休息室。建筑共有一个出口。房屋的横向1~3轴线和纵向A~D轴都是以墙中线定位。（朝向、布置）

建筑外部尺寸有三道，第一道为外包尺寸，建筑物轮廓总长为8340，总宽为6540。第二道尺寸为轴线尺寸，横轴间的尺寸3300、4800，纵轴间的尺寸3600、2700等。这些尺寸可以表示建筑的开间和进深，比如值班室开间为3300，进深为2600。第三道尺寸为门窗定位尺寸，如①、②轴线间的1500是窗C-1的窗宽尺寸，900、900是窗距离①、②轴线的距离。再如②、③轴线间的3000是门M-2的门宽尺寸，900、900是门垛尺寸。C轴上内墙厚120，其余墙厚为240。（尺寸、门窗的位置及编号）

室内标高为±0.000m，室外标高为-0.150m，室内外高差150。（标高）

在首层平面图上共有1根剖切符号1—1。剖面图的剖视方向为从东向西。（剖切位置）

通过对平面图的阅读，关键是在脑海中形成本层的空间形态，对于后续立面图和剖面图的识读大有帮助。

思考与练习

1. 写出下列各图例所表示的构件名称。

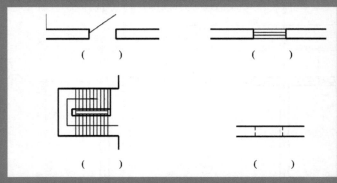

（　　　）　　　（　　　）

（　　　）　　　（　　　）

2. 按编号顺序标注出本张图纸定位轴线的编号。

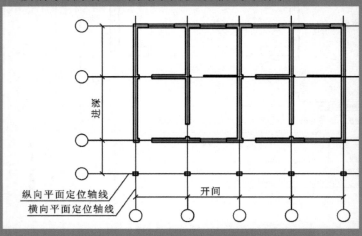

平面图CAD绘制

建议课时：2课时

教学目标

　　知识目标：简单平面图的绘制规范

　　能力目标：熟练掌握简单建筑平面图的
　　　　　　　 CAD绘制

　　思政目标：夯实基础、砥砺前行

2.2.1　轴网

绘制轴网

2.2.1.1　新建轴线图层

①快捷键LA打开图层管理器，新建"轴线"图层（以下未特殊说明皆以"0"图层为基准进行新建）。

②修改颜色为红色（1号）。

③修改线型为CENTER，如图2-10所示。

④修改线宽为0.18mm。

⑤双击置为"当前图层"。

图2-10　新建轴线图层

2.2.1.2　绘制轴线

如图2-11所示绘制轴网。

2.2.2　墙体

绘制墙体

2.2.2.1　新建墙体图层

①快捷键LA打开图层管理器，新建"墙体"图层。

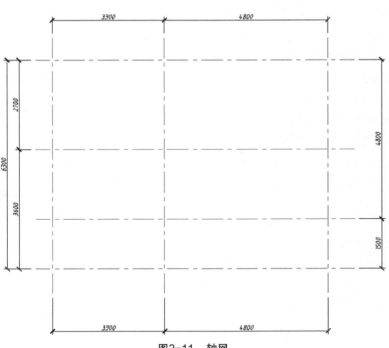

图2-11　轴网

②修改颜色为白色（7号）。

③修改线型为CONTINUOUS。

④修改线宽为0.7mm。

⑤双击置为"当前图层"。

2.2.2.2 多线样式

①点击菜单栏"格式-多线样式"，弹出如图2-12多线样式设置对话框。

②点击新建，创建新样式名为WALL的新样式。

③点击"继续"，弹出"新建多线样式WALL"对话框，勾选直线选项的"起点"和"端点"，如图2-13所示，点击确定。

④将新建的WALL样式置为"当前"样式。

2.2.2.3 绘制墙体

输入多线快捷命令ML，空格键。

命令: ML

MLINE

当前设置: 对正 = 上，比例 = 20.00，样式 = WALL

指定起点或 [对正(J)/比例(S)/样式(ST)]:j 设置对正J，空格键

输入对正类型 [上(T)/无(Z)/下(B)] <上>:z 选择Z，表示对正位置为中心

当前设置: 对正 = 无，比例 = 20.00，样式 = WALL

指定起点或 [对正(J)/比例(S)/样式(ST)]:s 设置比例S，空格键

输入多线比例 <20.00>：240 如果绘制墙宽为240mm，此处输入240，空格键

当前设置: 对正 = 无，比例 = 240.00，样式 = WALL

指定起点或 [对正(J)/比例(S)/样式(ST)]: 点击轴网交叉点

完成设置，开始绘制外墙，内墙墙厚为120，重复上述多线命令，设置比例为120，完成内墙绘制，如图2-14所示。

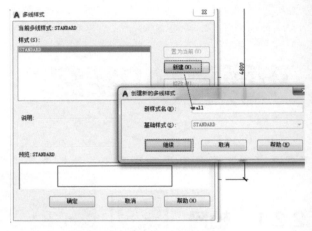

图2-12 多线样式设置

图2-13 新建多线样式WALL

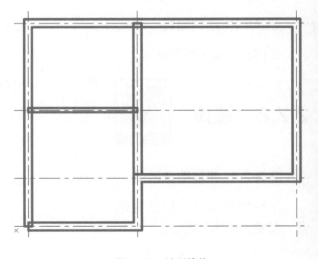

图2-14 绘制墙体

2.2.2.4 编辑墙体

在需要编辑的墙附近双击，弹出如图2-15多线编辑工具对话框，常用的编辑工具有"角点结合"和"T形打开"，完成墙体编辑，如图2-16所示。

2.2.3 门

绘制门

2.2.3.1 新建门的图层

①快捷键LA打开图层管理器，新建"门"图层。

②修改颜色为青色（4号）。

③修改线型为CONTINOUS。

④修改线宽为0.35mm。

⑤双击置为"当前图层"。

2.2.3.2 绘制推拉门M-1

（1）打开门洞，3m宽

①绘制辅助直线，输入直线快捷命令L，空格。

②捕捉墙体中点，绘制中线。

③复制命令快捷键CO，分别向左右复制两根直线，距离为1500mm，如图2-17所示。

④修剪命令TR，修剪多余直线，打开门洞，如图2-18所示。

（2）绘制室内外高差线

①新建一个"其他"图层，绘制高线，线宽为0.18mm。

②直线命令L绘制高差线，如图2-19所示。

（3）绘制推拉门

①在图层工具栏，右侧三角形下拉，切换回"门"的图层。

②矩形命令快捷键REC，绘制矩形@750，60。

③复制完成另一扇门，如图2-20所示。

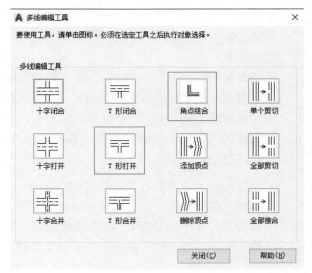

图2-15 多线编辑工具

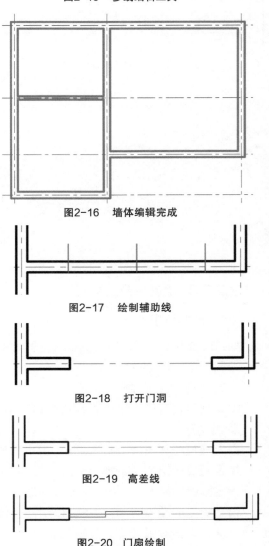

图2-16 墙体编辑完成

图2-17 绘制辅助线

图2-18 打开门洞

图2-19 高差线

图2-20 门扇绘制

④镜像命令MI完成另一侧门的绘制，如图2-21所示。

命令: MI

MIRROR

选择对象: 指定对角点: 找到 2 个　　框选左侧两扇门。

选择对象: 指定镜像线的第一点:　　以中点为镜像线的第一个点。

指定镜像线的第二点:　　正交开启情况下，上方任意一点都可以作为镜像线的第二个点。

要删除源对象吗？[是(Y)/否(N)] <否>: N　　在此操作中，不删除原对象，直接回车即可。

（4）门编号

①新建图层"文字标注"，线宽为0.18mm。

②新建"英文数字"文字样式: gbcbig。

③输入多行文字快捷键T，选择新建的"英文数字"字体，字高为175。

④输入文字"M-1"，点击确定，将文字移到相应位置，即可完成门标注（图2-22）。

图2-21　完成推拉门绘制　　　　　　　　　　　　　图2-22　门编号

拓展小知识

文字高度的确定: 门窗编号文字注释在A3图纸的字高通常为3.5mm，根据图的预设打印比例，本平面图在A3图纸预设打印比例为1∶50，所以字高为175。如果预设打印比例为1∶100，则字高为350。

2.2.3.3　绘制平开门M-2

（1）绘制门扇

如2.2.3.2中（1）打开宽为900mm的门洞，门垛宽自定；

绘制门扇矩形@900，-50。

（2）门轨迹线绘制

①绘制门轨迹线，输入弧线快捷命令ARC，空格键。

命令: ARC

指定圆弧的起点或 [圆心(C)]:　　指定弧形线的起点。

指定圆弧的第二个点或 [圆心(C)/端点(E)]: c　　选择圆心C，回车。

指定圆弧的圆心:　　指定弧形线的圆心。

指定圆弧的端点(按住 Ctrl 键以切换方向)或 [角度(A)/弦长(L)]:　　如果方向不对，可以按住Ctrl键切换方向，点击圆弧端点，完成门轨迹线绘制。

②选择轨迹线，在特性中修改线宽为0.18mm，如图2-23所示。

③完成门及轨迹绘制，如图2-24所示。

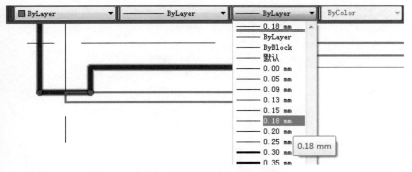

图2-23 图层特性中修改线宽

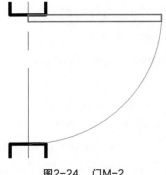

图2-24 门M-2

（3）门编号

①输入定义属性命令快捷键ATT，完成"M-2"门编号的标注。

②旋转文字，如图2-25所示。

（4）创建门块

①输入创建块快捷命令B，弹出"块定义"对话框，如图2-26所示。

②输入块名称为"门"。

③拾取基点。

④旋转对象，门、门轨迹线、门编号，确定，完成门块的创建。

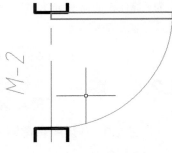

图2-25 门绘制完成

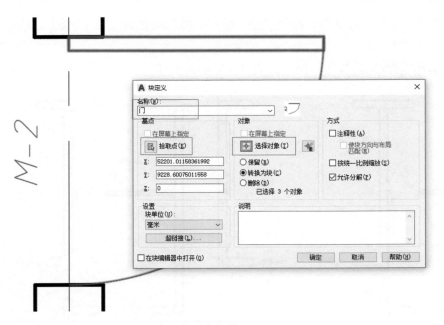

图2-26 创建块

2.2.3.4　插入块完成门 M-3

（1）打开门洞

如2.2.3.2中（1）打开宽为900mm的门洞，门垛宽自定。

（2）插入门图块

①输入插入块快捷命令I，选择名称为"门"的块，点击"确定"，在图上找到对应点，便可完成插入，如图2-27、图2-28所示。

②旋转门的方向，修改门编号为"M-3"，完成门M-3的绘制，如图2-29所示。

图2-27　插入块对话框

绘制窗

2.2.4　窗

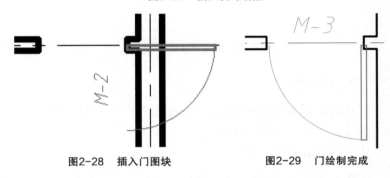

图2-28　插入门图块　　　　图2-29　门绘制完成

2.2.4.1　打开所有窗洞

打开所有窗洞如图2-30所示。

2.2.4.2　绘制窗户

（1）新建窗户图层

快捷键LA打开图层管理器，新建"窗"图层，修改颜色为青色（4号），线宽为0.18mm。

（2）绘制窗户

绘制4根相距80mm的线段，标注窗编号，如图2-31所示。

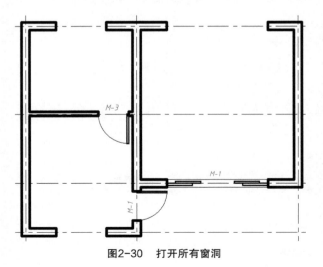

图2-30　打开所有窗洞

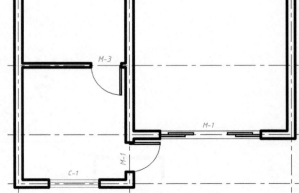

图2-31　完成窗户绘制

2.2.5　其他结构

如图2-32所示完成入口平台绘制。

2.2.6　标注

标注设置

2.2.6.1　尺寸标注设置

点击菜单栏中的"格式-标注样式"，弹出如图2-33"标注样式管理器"对话框，以"ISO-25"或者"Standard"为基础，点击"新建"按钮，填写新样式名称后，点击"继续"按钮，弹出"新建标注样式"对话框。

① 修改"新建标注样式"对话框中的"线"的"基线间距"，建议设为7~10mm；修改"超出尺寸线"，设为2~3mm；修改"起点偏移量"，建筑图设为2mm以上，如图2-34所示。

② 修改"新建标注样式"对话框中的"符号和箭头"的"箭头"，第一个和第二个下拉列表框的线性尺寸标注设为"✔建筑标记"，如图2-35所示。

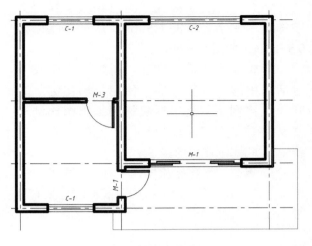

图2-32　入口平台

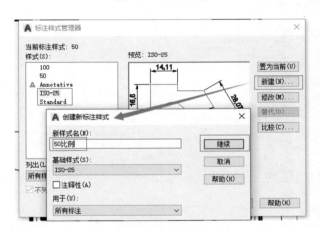

图2-33　标注样式管理器

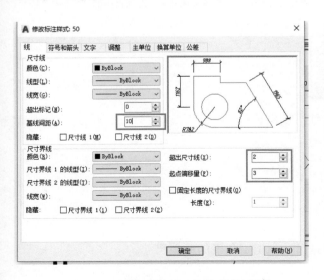

图2-34　"新建标注样式"对话框中的"线"

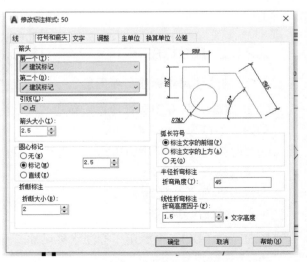

图2-35　"新建标注样式"对话框中的"符号和箭头"

③修改"新建标注样式"对话框中的"文字"的"文字样式"为已经预设好的文字样式，文字高度3~3.5mm，从尺寸线偏移0.5~1mm，如图2-36所示。

④本项目平面图修改"新建标注样式"对话框中的"调整"的"使用全局比例"为50，该比例系数为根据建筑图纸出图比例；"文字位置"选择"尺寸线上方，不带引线"，如图2-37所示。

⑤修改"新建标注样式"对话框中的"主单位"的"精度"为0，建筑图纸正常情况下不带小数，如图2-38所示。

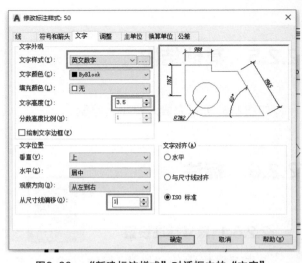

图2-36 "新建标注样式"对话框中的"文字"

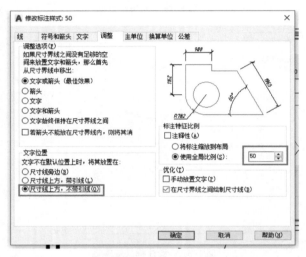

图2-37 "新建标注样式"对话框中的"调整"

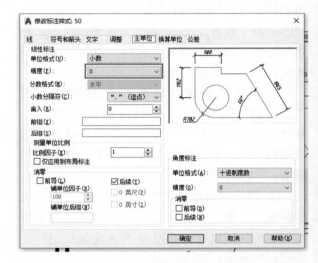

图2-38 "新建标注样式"对话框中的"主单位"

2.2.6.2 尺寸标注

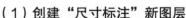
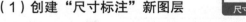

（1）创建"尺寸标注"新图层

① 快捷键LA打开图层管理器，新建"尺寸标注"图层。

②修改颜色为青色（4号）。

③修改线型为CONTINUOUS。

④修改线宽为0.18mm。

⑤双击置为"当前图层"。

（2）线性尺寸标注

Dimlinear（DLI）命令用于标注水平尺寸、垂直尺寸和指定角度的倾斜尺寸。

（3）连续尺寸标注

Dimcontinue（DCO）命令用于标注尺寸线共线且首尾相连的若干个连续尺寸。

（4）利用"线性尺寸标注"与"连续尺寸标注"完成建筑平面图外尺寸标注

尺寸标注如图2-39所示。

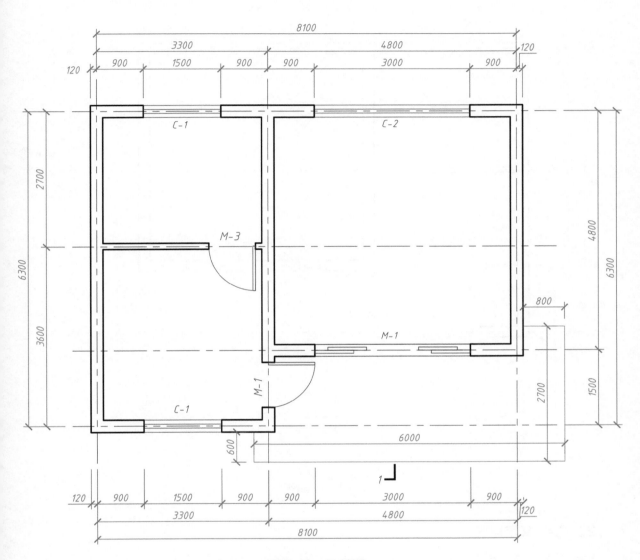

图2-39　尺寸标注

2.2.6.3　轴号

圆形命令C绘制半径为8~10mm的圆形，直线命令L绘制引线，定义属性命令ATT完成文字输入。将图2-40单个轴号创建块B，复制并修改轴号编号，如图2-41所示。

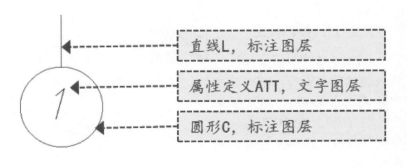

图2-40　单个轴号

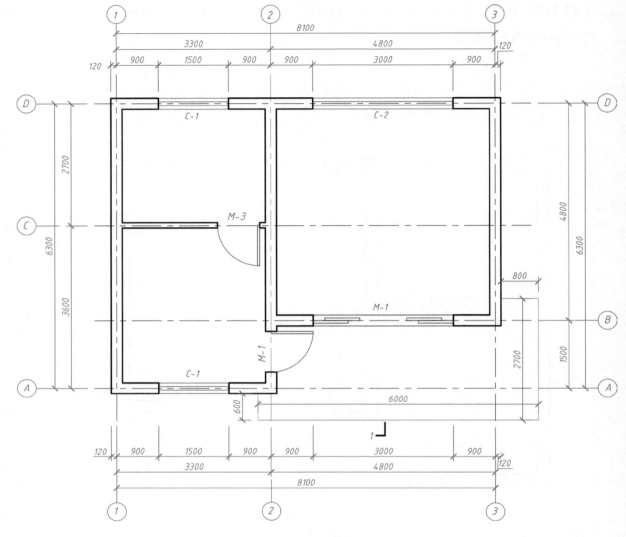

图2-41　轴号

2.2.6.4　文字标注

切换到文字标注图层，输入多行文字T命令，完成各个房间名称的标注。

2.2.6.5　标高标注

如图2-42绘制标高标注，输入属性定义命令ATT完成文字输入，±0.000，输入标记为%%P0.000，创建标高图块，复制并修改完成剩余标高，如图2-43所示。

图2-42　标高标注

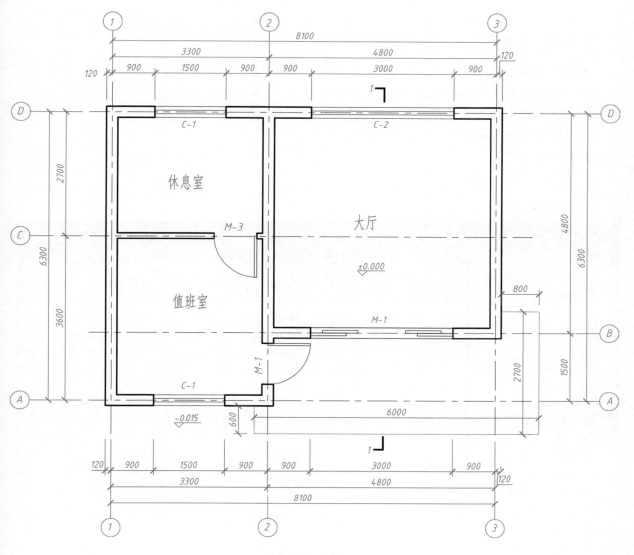

图2-43　标注完成

2.2.7　其他

2.2.7.1　图名比例

输入多行文字快捷键，输入图名"平面图"，字体为"长仿宋体"，字高400（打印字高8mm）；输入比例"1：50"，字体为"gbcbig"，字高比图名的字高小一号或二号，如图2-44所示。

图2-44　图名比例

2.2.7.2 指北针

如图2-45绘制指北针，其圆的直径宜为24mm，用细实线绘制；指针尾部的宽度宜为3mm，指针头部应注"北"或"N"字。需要用较大直径绘制指北针时，指针尾部的宽度宜为直径的1/8。

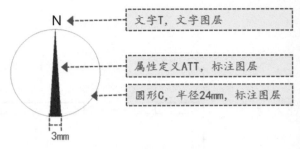

图2-45 绘制指北针

附：图层设置参考表

图 名	颜 色	线 性	线 宽
墙体	白色7号	连续线Continuous	0.7mm
门	青色4号	连续线Continuous	0.35mm
窗	青色4号	连续线Continuous	默认
轴线	红色1号	中心线Center	默认
文字标注	白色7号	连续线Continuous	默认
尺寸标注	绿色3号	连续线Continuous	默认

注：默认线宽设为0.18mm。

思考与练习

专业模板设置

1. 如何设置建筑工程专用CAD模板？

2. 如何设置1：100所需的尺寸标注？

3. 复习绘图命令并熟记对应快捷键：圆弧（ARC）。

4. 复习编辑命令并熟记对应快捷键：镜像（MI）。

项目 3　简单立面图

- 任务3.1　立面图识读
- 任务3.2　立面图CAD绘制

任务3.1

立面图识读

建议课时：2课时

教学目标

知识目标：简单立面图的图示内容

能力目标：简单立面图的识读

思政目标：旁见侧出、举一反三

3.1.1 立面图的生成与作用

立面图的生成

3.1.1.1 立面图的生成

建筑立面图，简称立面图，是在与房屋立面平行的投影面上所作的房屋正投影图。立面图主要反映房屋的外貌特征、各部分配件的形状和相互关系。

如图3-1所示，分别在与建筑物立面平行的各投影面上作房屋的正投影图，可得到建筑各面的立面图。如南立面图，即与建筑物南立面平行投影面上所作的正投影图。

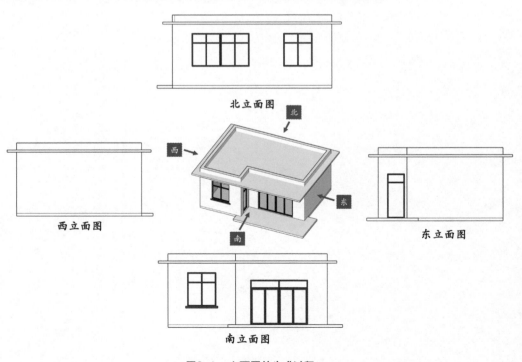

图3-1 立面图的生成过程

3.1.1.2　立面图的作用

建筑立面图是设计工程师表达立面设计效果的重要图纸。建筑物是否美观，很大程度上取决于它在立面上的艺术处理，包括造型与外立面装修是否适当。同时立面图可以反映房屋的高度、层数、屋顶的形式、墙面的做法、门窗的形式、大小和位置，以及墙体各部分细节的外形与标高。同时也是施工中建筑外墙面造型、装修以及工程预决算、备料等的依据。

3.1.2　简单立面图的图示内容

立面图的图示
内容

3.1.2.1　图名比例与定位轴线

建筑立面图的图名比例标注方式与平面图相同，立面图下方标注图名，图名下方应加一条粗实线，图名右方标注比例。立面图比例一般应与平面图一致，常用1:50、1:100、1:200的比例绘制。

建筑立面图一般只画出建筑立面两端的定位轴线及其编号，立面图上的定位轴线可对照建筑平面图来确定立面的观看方向。

3.1.2.2　建筑外部形状

建筑立面图反映了建筑的立面形式和外貌，以及屋顶、烟囱、水箱、檐口、门窗、台阶、雨篷、阳台、墙面分格线、窗台、雨水斗、雨水管、空调架等的位置、尺寸和外形构造等情况。在建筑立面图中能反映门窗的位置、高度、数量、立面形式。

3.1.2.3　标高信息

标高标注在室内外地面、台阶、勒脚、各层的窗台和窗顶、雨篷、阳台、檐口等处。

3.1.2.4　尺寸标注

在建筑立面图中标高标注与平面标高一样分为三道尺寸，最内侧尺寸为门窗洞高、窗下墙高、室内外地面高差等，中间尺寸为每层层高尺寸，最外侧尺寸为建筑总高度尺寸。

3.1.3　简单立面图的识读

3.1.3.1　简单立面图的识图步骤

①应对照平面图阅读立面图，理解平面图与立面图的关系，这样才能建立起立体感，加深对平面图与立面图的理解，在脑海中建立起建筑物的立体形象。

②阅读图名比例，结合定位轴线，确定立面方向。

③了解建筑物的外部形状。

④阅读建筑各部分标高及相应尺寸。

3.1.3.2 简单立面图的识图示例

图3-2为一简单建筑的平面图。以此为示例，看看我们可以从图中得到哪些信息。

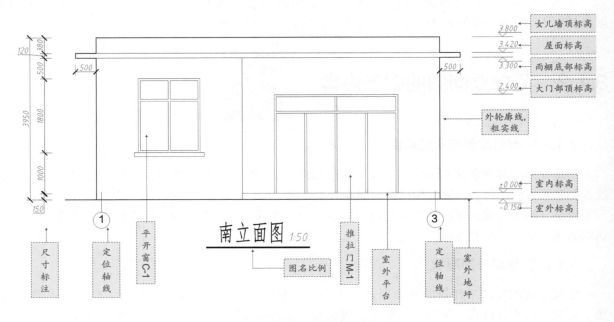

图3-2　简单立面图的主要内容

该立面图为建筑物的南立面图，比例为1:50。（图名、比例）

图纸表达了建筑南立面的外部造型，建筑为平屋顶，该立面上有一推拉门M-1和一平开窗C-1，屋檐悬挑出建筑500。（建筑外部形状）

建筑从左到右对应为建筑的①~③轴。（定位轴线）

图纸右侧为建筑的标高信息，由下至上分别表示了建筑的室外标高为-0.150m，室内标高为±0.000m，门顶标高为2.400m，屋面板底部、顶部标高分别为3.300m和3.420m，屋面板厚120mm，女儿墙墙顶标高为3.800m。该建筑室内外高差为150，建筑总高为室外标高至女儿墙顶标高，为3.95m。（标高信息）

图纸左侧为建筑的尺寸标注，共有两道尺寸，最外层尺寸为外包尺寸，显示建筑高度为3950mm。第二道尺寸为楼层间尺寸，因为只有一层楼，所以省略。最内尺寸为细部尺寸，由下至上表达了：室内外标高相差150mm，室内地坪至窗台高度为1000mm，窗高1800mm，窗顶部至屋面板底部高度500mm，屋面板厚度120mm，女儿墙高度380mm。（尺寸标注）

3.1.4　有关规定和画法特点

立面图上的图线应与平面图一致，见表3-1和图3-3。

表3-1　立面图线型（简单）

名称		线型	线宽	用途
实线	特粗		1.4b	地坪线
	粗		b	建筑外轮廓
	中		0.5b	门窗洞口轮廓线、其余可见轮廓线、尺寸起止斜短线
	细		0.25b	门窗细部、尺寸标注
点画线	细		0.25b	中心线、对称线、轴线

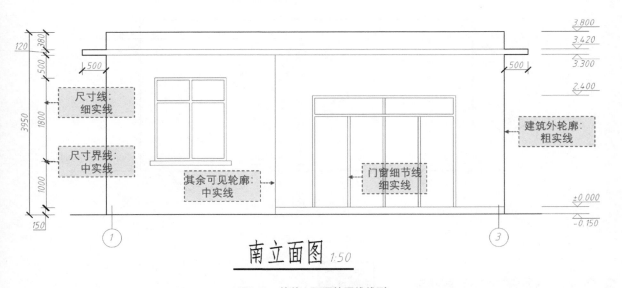

图3-3　简单立面图的图线线型

思考与练习

1. 立面图在工程项目中有什么作用?

2. 立面图的尺寸与标高要如何标注?

立面图CAD绘制

建议课时：2课时

教学目标

知识目标：简单立面图的绘制规范

能力目标：熟练掌握简单建筑立面图的
CAD绘制

思政目标：审美素养、创新思维

根据平面图尺寸绘制建筑南立面图，如图3-4所示。

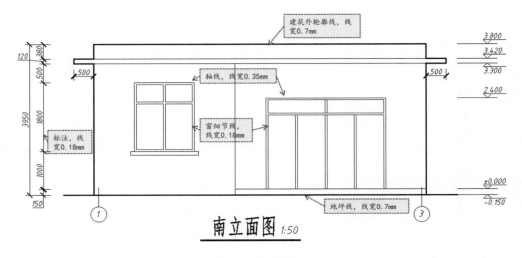

图3-4　南立面图

3.2.1　建筑立面轮廓

3.2.1.1　建筑立面外轮廓线

（1）图层

外轮廓墙体图层属性：颜色为"白色"
或自定义，线型为"Continuous"，线宽为
"0.7mm"，其他为默认。

（2）外轮廓绘制

①输入直线L命令，绘制地坪线。

②输入多段线PL命令，如图3-5绘制建筑外轮廓线。

图3-5　建筑外轮廓

3.2.1.2　建筑立面主要轮廓线

（1）图层

主要轮廓墙体图层属性：颜色为"白色"或自定义，线型为"Continuous"，线宽为"0.35mm"，其他为默认。

（2）主要轮廓绘制

输入直线L命令，如图3-6完成立面主要轮廓的绘制。

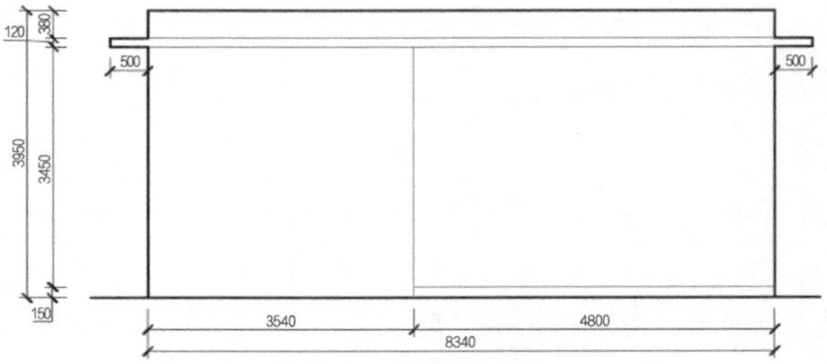

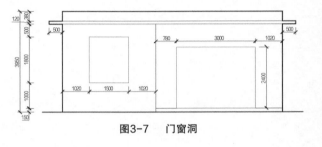

图3-6　建筑主要轮廓

3.2.2　立面门窗

3.2.2.1　门窗洞

（1）图层

门窗洞图层属性：颜色自定义，线型为"Continuous"，线宽为"0.35mm"，其他为默认。

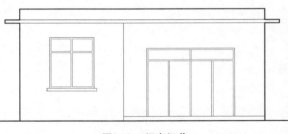

图3-7　门窗洞

（2）门窗洞绘制

输入矩形REC命令，完成立面门窗洞的绘制，移动到如图3-7所示位置。

3.2.2.2　门窗细节

（1）图层

门窗细节图层属性：颜色自定义，线型为"Continuous"，线宽为"0.18mm"，其他为默认。

（2）门窗细节绘制

如图3-8门窗细节样式仅供参考，尺寸自定。

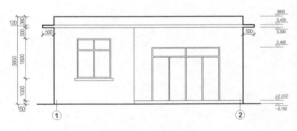

图3-8　门窗细节

3.2.3　标注等其他

图3-9　标注等其他

如图3-9完成立面尺寸标注、标高标注、轴号、图名比例，具体步骤同平面图。

思考与练习

绘制本项目北立面图。

项目 4　简单剖面图

- 任务4.1　剖面图识读
- 任务4.2　剖面图CAD绘制

剖面图识读

建议课时： 2课时

教学目标

知识目标：简单剖面图的图示内容

能力目标：掌握简单剖面图的识读

思政目标：恪尽职守、求真务实

4.1.1　剖面图的形成与用途

4.1.1.1　剖面图的生成

剖面图的生成

假想用一个正立投影面或侧立投影面的平行面将房屋剖切开，移去剖切平面及剖切平面与观察者之间的部分，将剩下部分按正投影的原理投射到与剖切平面平行的投影面上，得到的图称为建筑剖面图，简称剖面图。图4-1为简单剖面图的生成图解。

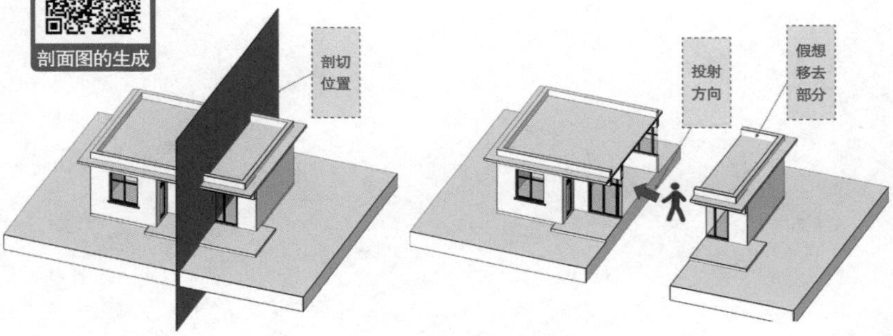

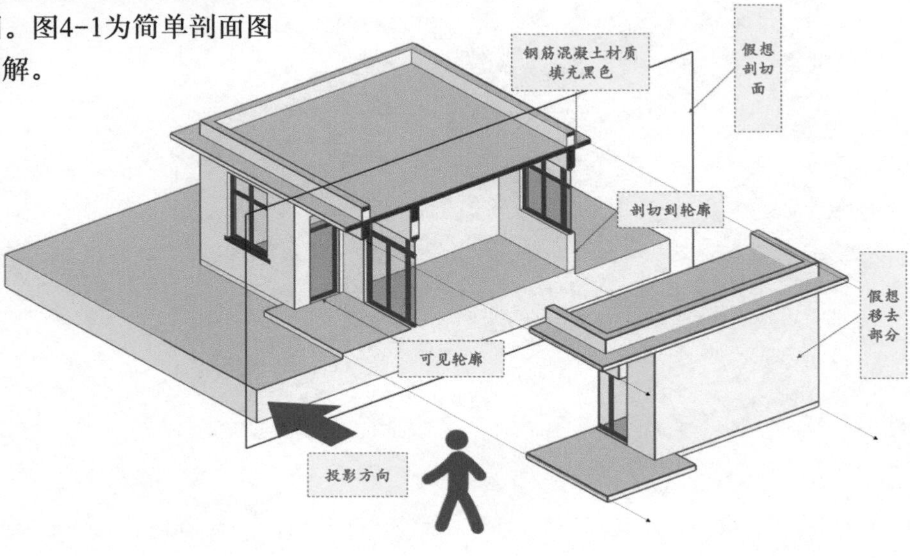

图4-1　简单剖面图的生成图解

　　建筑剖面图的剖切位置一般来源于建筑平面图，并且往往选在平面组合中不易表示清楚且较为复杂的部位。

4.1.1.2　剖面图的用途

　　剖面图同平面图、立面图一样，是建筑施工图中最重要的图纸之一，表示建筑物的整体情况。

　　剖面图用于表示房屋内部的结构或构造方式，如屋面（楼、地面)形式、分层情况、材料、做法、高度尺寸及各部位的联系等。它与平、立面图互相配合用于计算工程量、指导各层楼板和屋面施工、门窗安装和内部装修等。

4.1.2　简单剖面图的图示内容

剖面图图示
内容

4.1.2.1　房屋的内部情况

　　从1∶1建筑剖切模型图4-2中，我们可以看到，建筑剖面图可以表达建筑的内部情况，那么在图纸上要如何表达呢？

图4-2　简单剖面图的实物示意

建筑剖面图应表示：

①剖切到的屋面、楼面、墙体、梁等的轮廓及材料做法；

②建筑物内部分层情况以及竖向、水平方向的分隔；

③即使没被剖切到，但在剖视方向可以看到的建筑物构配件。

被剖切到的墙、柱、楼板的断面轮廓线用粗实线画出。砖墙一般不画图例，钢筋混凝土的柱和墙的断面通常涂黑表示。墙体的厚度应按比例画出。

剖面墙体图例如表4-1所列。

表4-1　剖面墙体图例

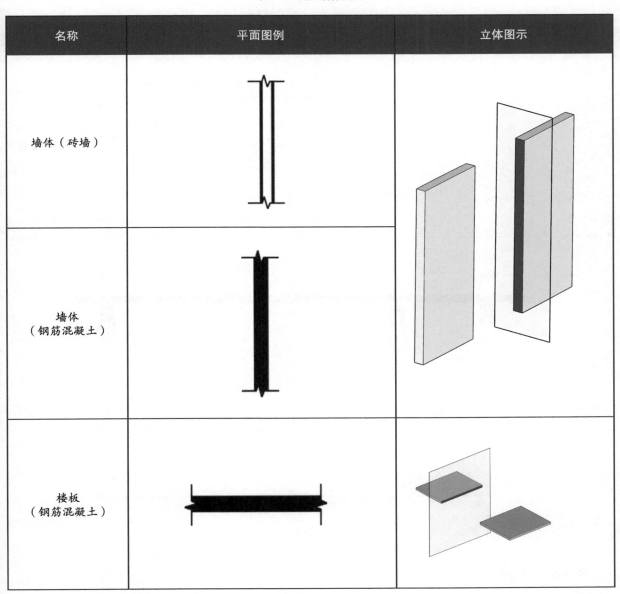

名称	平面图例	立体图示
墙体（砖墙）		
墙体（钢筋混凝土）		
楼板（钢筋混凝土）		

结合平面图阅读，通过底层平面图找到剖切位置和投影方向，找出剖面图与各层平面图的相互对应关系，建立起房屋内部的空间概念，了解建筑的分层分隔情况，如图4-3所示。

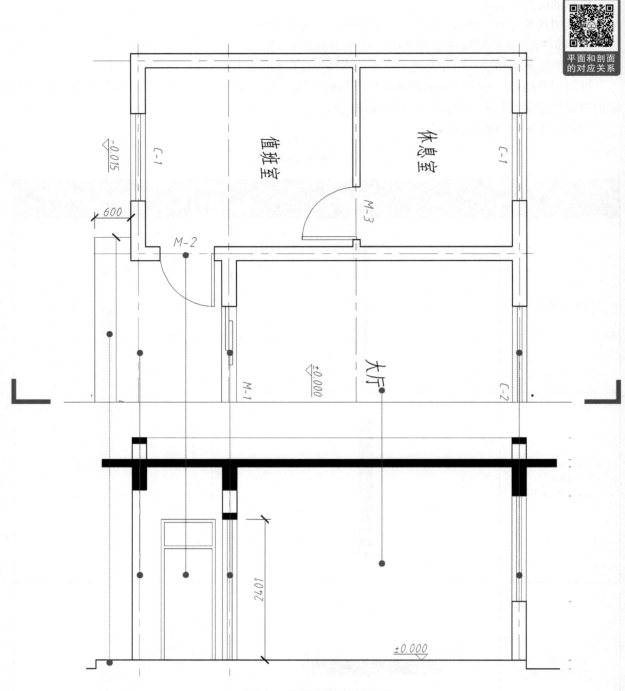

图4-3　平面和剖面的对应关系

4.1.2.2　门窗

　　在剖面图中表示的门窗分为被剖切到的与剖切面后方看见的，剖切到的门窗用两条平行的细实线表示门窗框与门窗扇。在建筑剖面图中门窗按图例绘制，画法如表4-2所示。

　　门窗应与平面图对应绘制。

表4-2　门窗图例（简单）

名称	平面图例	立体图示
门	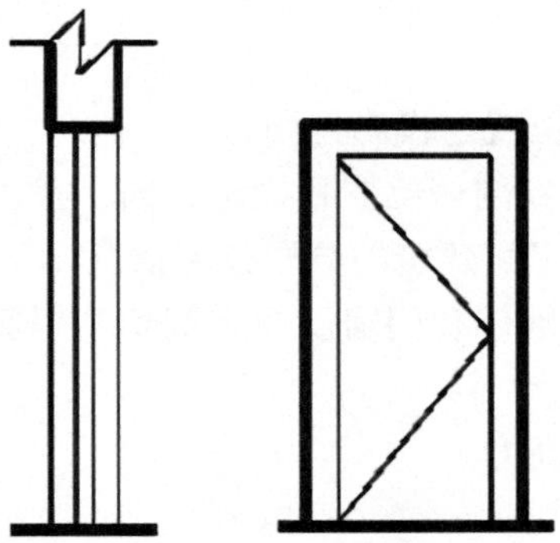	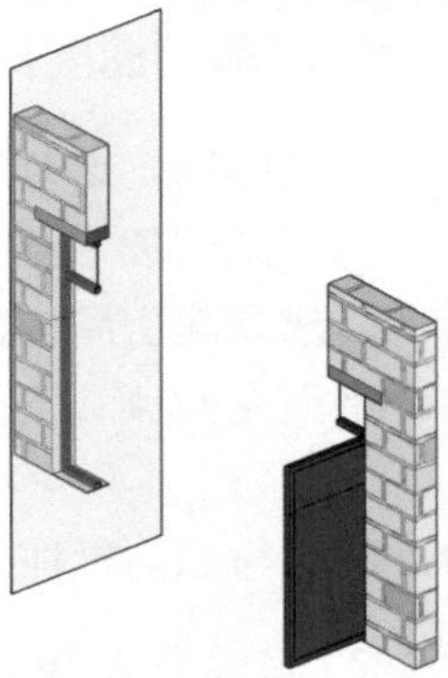
窗	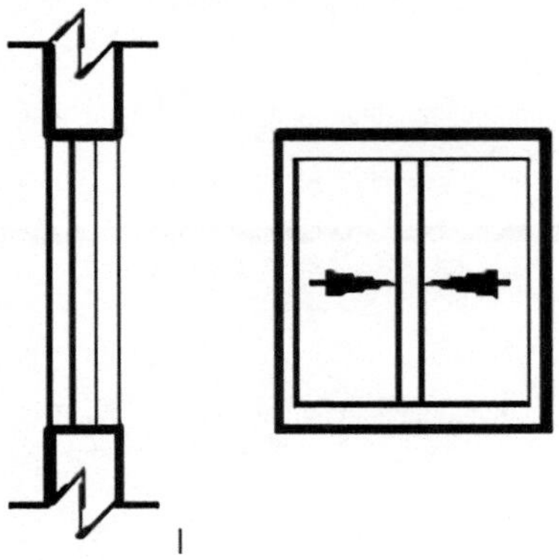	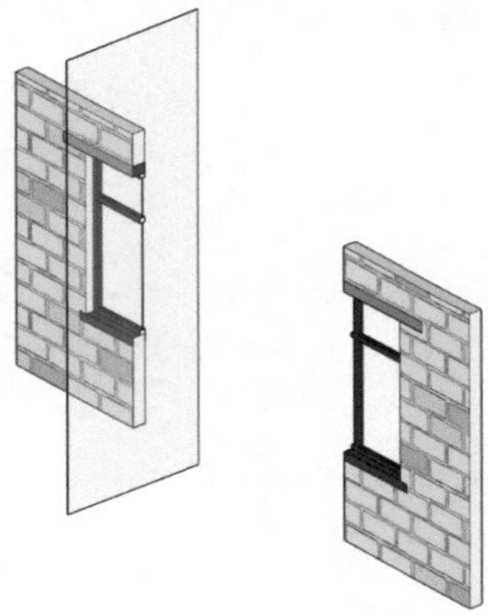

4.1.2.3　图名比例与定位轴线

建筑剖面图的图名比例标注方式与平立面图相同，剖面图下方标注图名，图名下方应加一条粗实线，图名右方标注比例。剖面图比例一般应与平面图一致，常用1：50，1：100，1：200的比例绘制。

与立面图一样，只画出两端的定位轴线及其编号，以便与平面图对照。需要时也可以注出中间轴线。

4.1.2.4　标高与尺寸

剖面图应标出各部位完成面的标高和高度方向尺寸。

标高内容包括室内外地面、各层楼面与楼梯平台、檐口或女儿墙顶面、高出屋面的水池顶面、烟囱顶面、楼梯间顶面、电梯间顶面等处的标高。

高度尺寸内容包括外部尺寸和内部尺寸。外部尺寸包括门、窗洞口(包括洞口上部和窗台)高度、层间高度及总高度(室外地面至檐口或女儿墙顶)。有时后两部分尺寸可不标注。内部尺寸包括地坑深度和隔断、隔板、平台、墙裙及室内门、窗等的高度。

注写标高及尺寸时，注意与立面图和平面图一致。

4.1.3　简单剖面图的识读

4.1.3.1　简单剖面图的识图步骤

①阅读图名比例，结合平面图了解剖切位置与投影方向。

②结合平面图阅读，通过底层平面图找到剖切位置和投影方向，找出剖面图与各层平面图的相互对应关系，建立起房屋内部的空间概念，了解建筑的分层分隔情况。

③结合平面图阅读，剖切到的各构件、墙体和门窗以及未剖切到但看到的墙体、门窗与平面图对应。

④阅读尺寸与标高标注，了解各部位的高度。

4.1.3.2　简单立面图的识图示例

图4-4以简单建筑的剖面图为示例，看看我们可以从图中得到哪些信息。

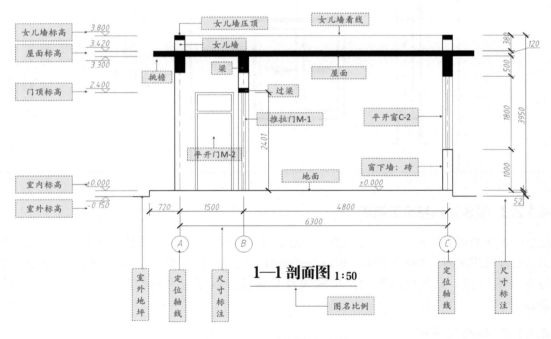

图4-4　简单立面图的主要内容

该立面图为建筑物的1—1剖面图，比例为1：50。（图名、比例）

图纸表达了建筑平面图1—1剖切位置的内部情况，该剖切位置的层高为一层，对照平面图，可知A轴到B轴之间为建筑室外，B轴至C轴处为大厅。（建筑内部分隔与分层情况）

建筑在B轴与C轴处剖切到两段墙体，B轴上剖切到推拉门的M-1，门顶有钢筋混凝土过梁。C轴处剖切到平开窗C-2。A轴到B轴之间，可以看见剖切面后方位于2号轴线处的墙体，该墙体上有平开门M-2。（剖切到的、看到的构配件）

　　该建筑为平屋顶，建筑为砌体结构，屋面板为钢筋混凝土，下有高度为500mm的钢筋混凝土梁，屋面上方有女儿墙，女儿墙为砖砌，顶部有钢筋混凝土压顶。（结构构造信息）

　　图纸左侧为建筑的标高信息，由下至上分别表示了建筑的室外标高为−0.150m，室内标高为±0.000m，门顶标高为2.400m，屋面板底部、顶部标高分别为3.300m和3.420m，屋面板厚120mm，女儿墙墙顶标高为3.800m。该建筑室内外高差为150mm，建筑总高为室外标高至女儿墙顶标高，为3.95m。（标高信息）

　　图4-4右侧为建筑的尺寸标注，共有两道尺寸，最外层尺寸为外包尺寸，显示建筑高度为3950mm。第二道尺寸为楼层间尺寸，因为只有一层楼，所以省略。最内尺寸为细部尺寸，由下至上表达了：室内外标高相差150mm，室内地坪至窗台高度为1000mm，窗高1800mm，窗顶部至屋面板底部高度500mm，屋面板厚度120mm，女儿墙高度380mm。（尺寸标注）

4.1.4　有关规定和画法特点

　　①室外地坪线用特粗实线表示(1.4*b*)。

　　②剖切到的墙体、楼板、屋面板、楼梯段、楼梯平台等轮廓线用粗实线表示。

　　③未剖切到的可见轮廓线如门窗洞口、楼梯段、楼梯扶手、内外墙轮廓线用中实线表示。

　　④其余细部构件如较小的建筑构配件的轮廓线、门窗扇及分格线、装修面层线、尺寸标注、标高及索引符号等均用细实线表示。

　　⑤砖墙一般不画图例，钢筋混凝土的梁、楼面、屋面和柱的断面通常涂黑表示。粉刷层在1：100的平面图中不必画出。

　　表4-3为平面图线线型（简单）。图4-5为简单剖面图的自主规范。图4-6为简单剖面图的图线线型图解。

表4-3　平面图线线型（简单）

名称		线型	线宽	用途
实线	特粗	▬▬▬▬▬▬	1.4*b*	地坪线
	粗	▬▬▬▬▬	*b*	剖切到的梁、板、墙的轮廓线
	中	———————	0.5*b*	未剖切到的可见部分
	细	———————	0.25*b*	细部线条
点画线	细	—— · —— · ——	0.25*b*	轴线

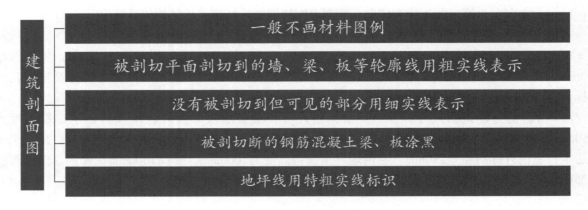

图4-5　简单剖面图的自主规范

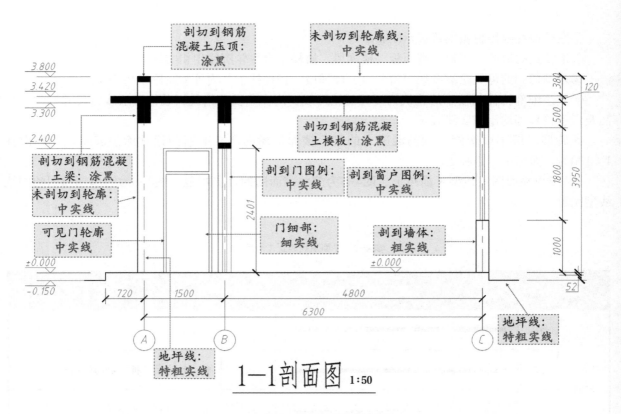

图4-6　简单剖面图的图线线型图解

思考与练习

1. 在工程项目中，一般选择什么位置作为剖切位置？

2. 在建筑剖面图中，什么部分需要涂黑？代表什么意思？

任务4.2

任务4.2

剖面图CAD绘制

建议课时： 2课时

教学目标

　　知识目标：简单剖面图的绘制规范

　　能力目标：熟练掌握简单建筑剖面图的
　　　　　　　CAD绘制

　　思政目标：独立剖析、勇于探索

根据项目2平面图中的1—1剖切线，如图4-7所示，绘制剖面，如图4-8所示。

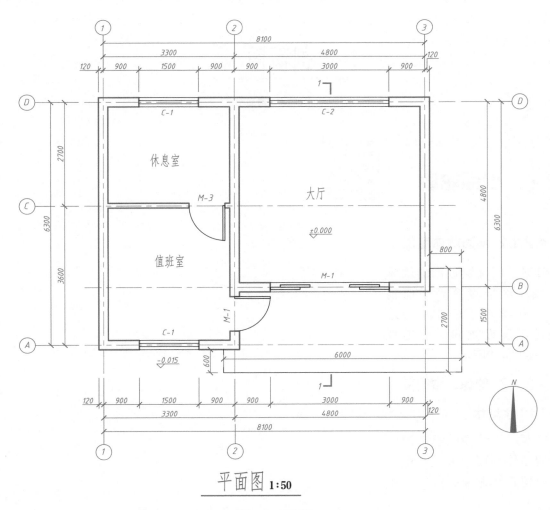

平面图 **1:50**

图4-7　平面图

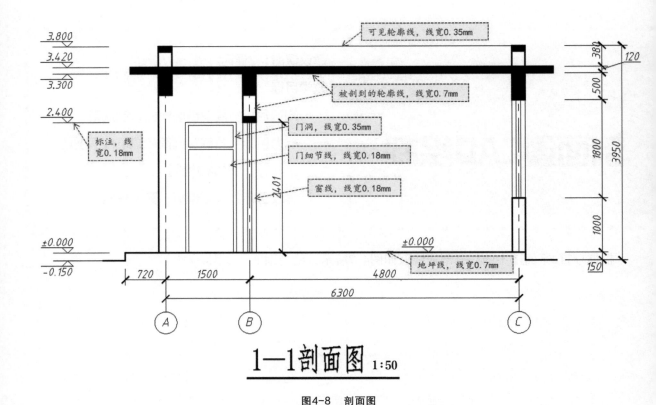

图4-8 剖面图

4.2.1 剖面轮廓

4.2.1.1 剖面墙体定位

根据平面确定被剖的墙体的轴线（图层设置同平面轴线），并绘制任意直线为地坪线（图层设置同立面地坪线），如图4-9所示。

4.2.1.2 墙体、楼地面

（1）主墙体

根据定位的轴线绘制被剖切到的墙体，可用多线命令，也可以用直线命令完成，如图4-10所示。

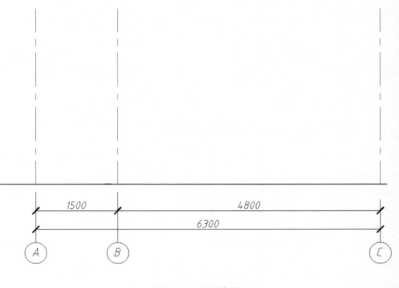

图4-9 剖面定位

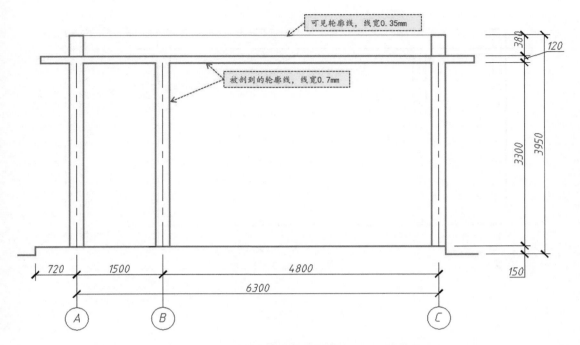

图4-10 　墙体楼地面绘制

（2）屋顶板

屋顶板线型跟墙体线型一致，如图4-10所示。

（3）女儿墙

不上人屋面女儿墙，如图4-10所示，注意中间有一根可见轮廓线，线宽0.35mm。

4.2.2 　剖面门窗

4.2.2.1 　剖面门窗洞

打开被剖到的墙体的门窗洞，尺寸如图4-11所示；未被剖到，但能看到的门窗洞画法同立面门窗洞。

4.2.2.2 　门窗细节绘制

如图4-12绘制门窗细节。

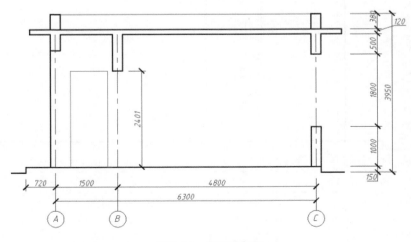

图4-11 　剖面门窗洞

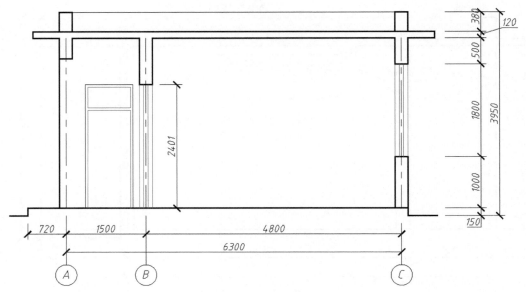

图4-12　门窗细节

剖面梁

4.2.3　剖面梁

4.2.3.1　梁的轮廓线绘制

如图4-13确定梁的位置。

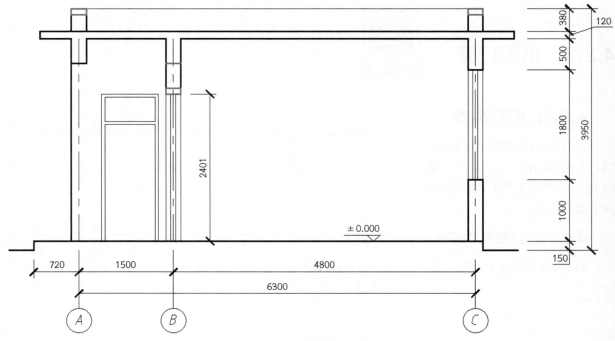

图4-13　确定梁的位置

4.2.3.2　填充屋顶板与梁

用填充命令快捷键H，填充屋顶板与梁，见图4-14。

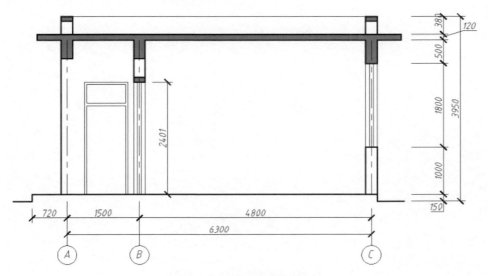

图4-14　填充屋顶板与梁

4.2.4　标注等完成

如图4-15完成尺寸标注、标高标注、图名比例等。

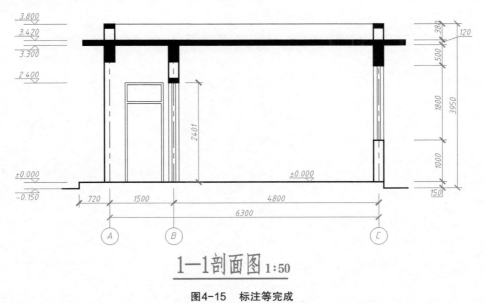

$$1{-}1剖面图\,1:50$$

图4-15　标注等完成

思考与练习

请另绘制一剖切线，并绘制对应的剖面图。

项目 5　总平面图

任务5.1
总平面图识读

建议课时： 2课时

教学目标

知识目标：总平面图的图示内容

能力目标：掌握总平面图的识读

思政目标：绿色环保、场所精神

　　总平面图主要表示整个建筑基地的总体布置，主要表达新建房屋的位置、朝向以及周围环境（原有建筑、交通道路、绿化、地形等）基本情况。

　　总平面图有土建总平面图和水电总平面图之分。土建总平面图又分为设计总平面图和施工总平面图。此节介绍的是土建总平面图中的设计总平面图，简称总平面图。

　　总平面图是新建房屋与其他相关设施定位的依据，是土石方施工以及给排水、电气照明等管线总平面布置图和施工总平面布置图的依据。

　　由于总平面图包括的区域较大，《总图制图标准》（GB/T 50103—2010）规定：总平面图的比例一般采用1：500、1：1000、1：2000。在实际工作中由于各地方国土管理部门所提的地形图的比例一般为1：500，故常见到的总平面图多采用这一比例。

　　由于总平面图采用的比例较小，不能按照建筑物的投影关系如实地反映出来，而只能用图例规定画法的图形符号进行绘制。表5-1所示为总平面图常用图例，表中所列内容摘自《总图制图标准》（GB/T 50103—2010）。

总平面的生成　　总平面的图例

表5-1　总平面图常用图例

名　称	图　例	说　明
新建的建筑物		①上图为不画出入口图例，下图为画出入口图例 ②需要时，可在图形内右上角以点数或数字（高层宜用数字）表示层数 ③用粗实线表示

名　称	图　例	说　明
原有的建筑物	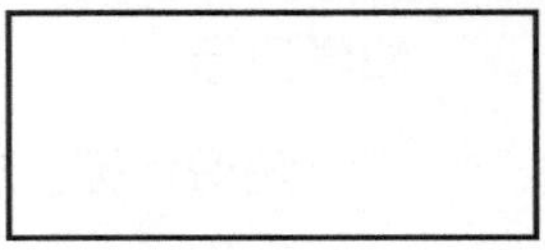	①应注明拟利用者 ②用细实线表示
计划扩建的预留地 或建筑物		用中虚线表示
拆除的建筑物	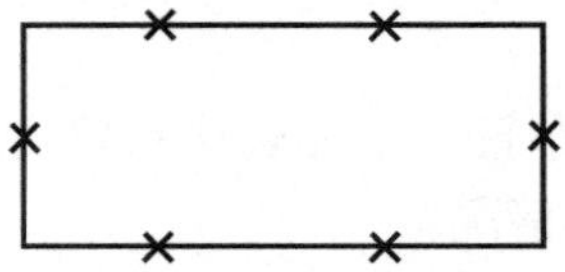	用细实线表示
新建的地下建筑物 或构筑物		用粗虚线表示
敞棚或敞廊	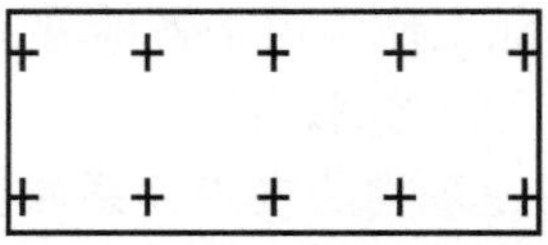	
围墙及大门	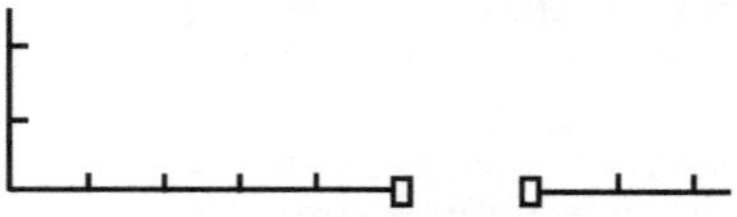 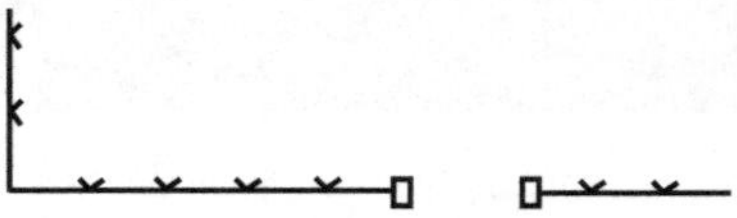	①上图为砖石、混凝土或金属材料的围墙 ②下图为镀锌铁丝网、篱笆等围墙 ③如仅表示围墙时，不画大门
坐标	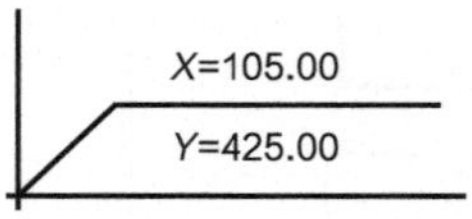 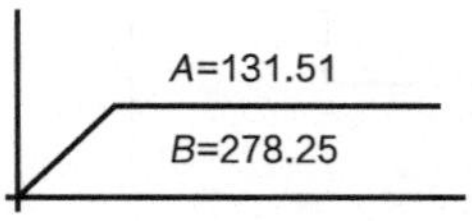 $X=105.00$ $Y=425.00$ $A=131.51$ $B=278.25$	①上图表示测量坐标 ②下图表示施工坐标

名　称	图　例	说　明
填挖边坡	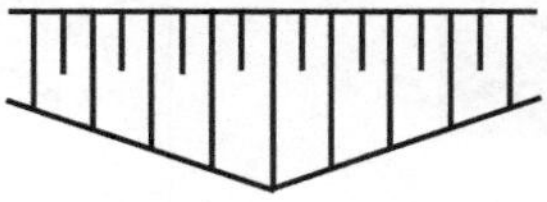	边坡较长时，可一端或两端局部表示
护坡	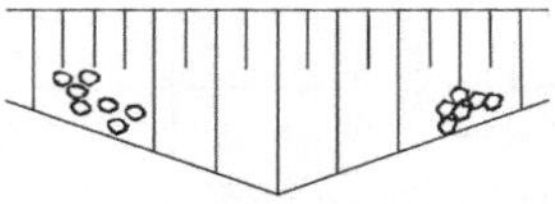	
室内标高	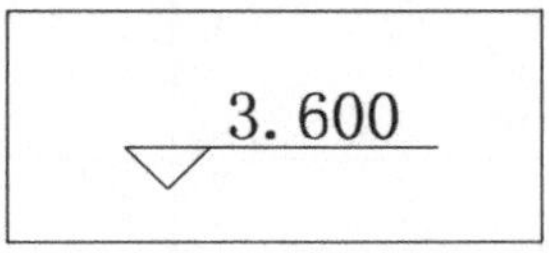 3.600	
室外标高	 ▼143.000	
新建的道路	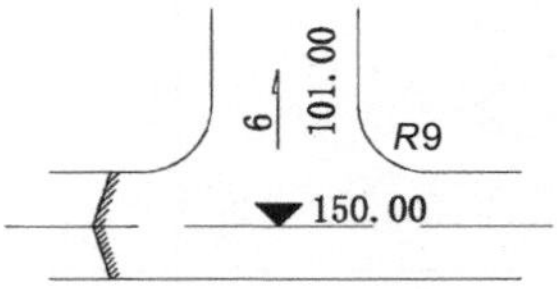 $\frac{6}{101.00}$　$R9$ ▼150.00	①"R9"表示道路转弯半径为9m，"150.00"为路面中心的标高，"6"表示6%，为纵向坡度，"101.00"表示变坡点间距离 ②图中斜线为道路断面示意，根据实际需要绘制
原有的道路	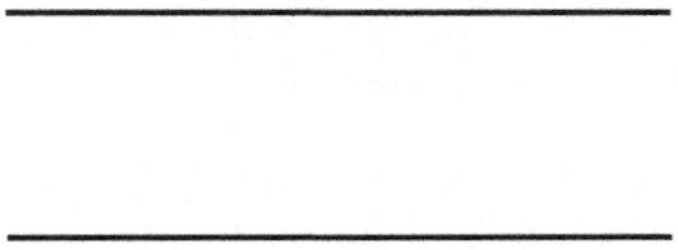	
计划扩建的道路	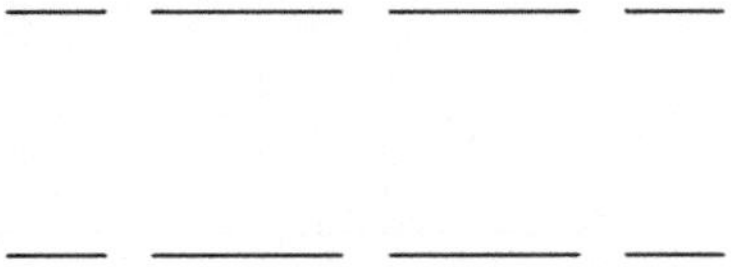	
人行道	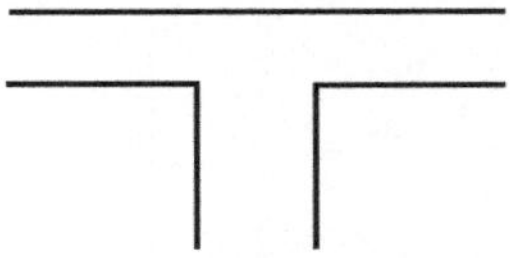	
桥梁（公路桥）	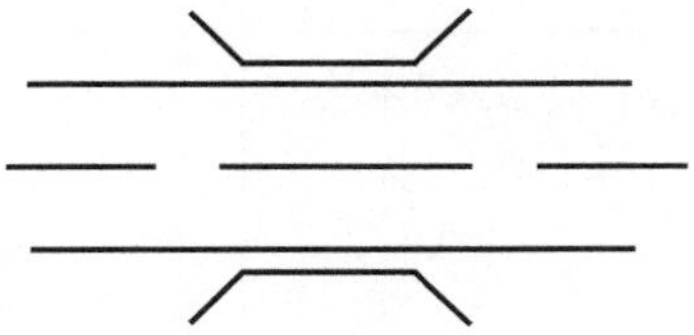	用于旱桥时应注明

续表

名称	图例	说明
雨水井与消火栓井	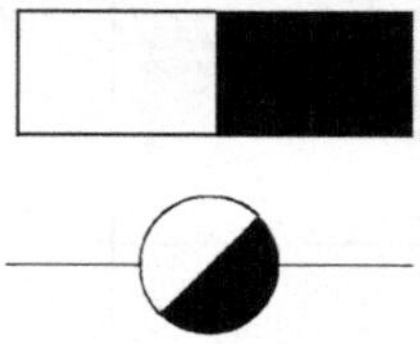	①上图表示雨水井 ②下图表示消火栓井
针叶乔木	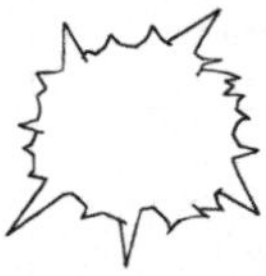	
阔叶乔木	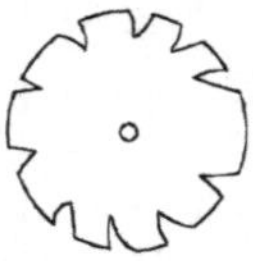	
针叶灌木	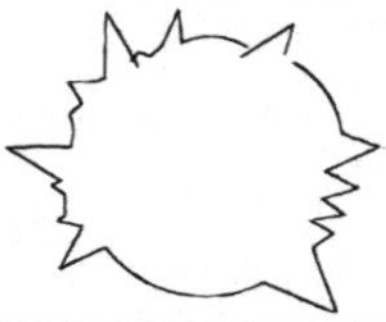	
阔叶灌木	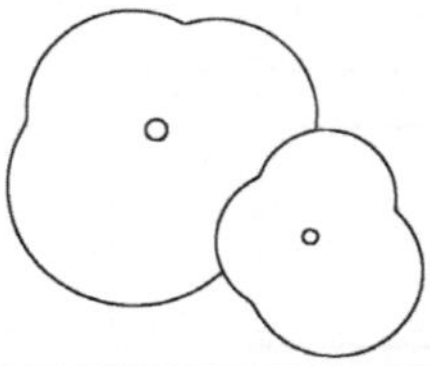	
修剪的树篱	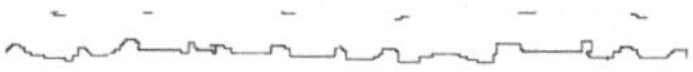	
草地	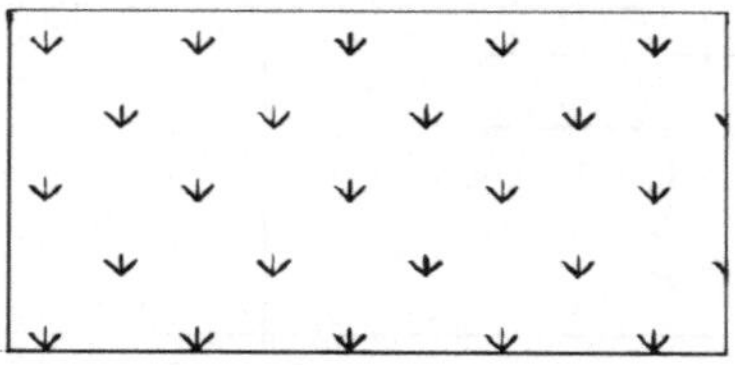	
花坛	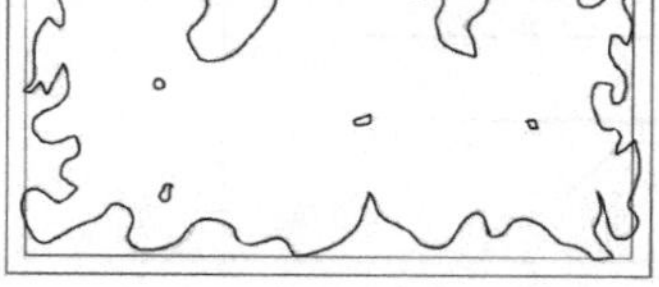	

5.1.1　总平面图的主要内容

5.1.1.1　道路红线、用地红线、建筑控制线等

根据《民用建筑设计统一标准》（GB 50352—2019）规定，道路红线是指城市道路(含居住区级道路)用地的边界线；用地红线是指各类建设工程项目用地使用权属范围的边界线；建筑控制线是指规划行政主管部门在道路红线、建设用地边界内，另行划定的地面以上建(构)筑物主体不得超出的界线。

5.1.1.2　新旧建筑物

在总平面图上将建筑物分成四种情况，即新建的建筑物、原有的建筑物、计划扩建的预留地或建筑物、拆除的建筑物。阅读总平面图时，要区分哪些是新建的建筑物，哪些是原有的建筑物。在设计中，为了清楚表示建筑物的大体情况，一般还在图形中右后方以点数或数字表示建筑物的层数。

5.1.1.3　新建建筑物的定位

新建建筑物的定位一般采用两种方法：原有建筑物或原有道路定位；按坐标定位。其中，根据坐标定位常常采用测量坐标和建筑坐标两种方法。

（1）测量坐标

国土管理部门提供给建设单位的用地红线图是在地形图上用细线画十字线的坐标网，南北方向的轴线为X，东西方向的轴线为Y，这样的坐标称为测量坐标。坐标网常采用100m×100m或50m×50m的方格网。一般做法是标注两个墙角点的坐标值。

（2）建筑坐标

建筑坐标一般在新建场地使用，当房屋朝向与测量坐标方向不一致时采用。建筑坐标是将建筑区域内某一点定为"0"点，采用100m×100m或50m×50m的方格网，沿建筑物主墙方向用细实线画成方格网通线，横墙方向（竖向）轴线标为A，纵墙方向的轴标为B。建筑坐标与测量坐标的区别如图5-1所示。

5.1.1.4　标高

在总平面图中需要用标高符号标注标高。总图中标注的

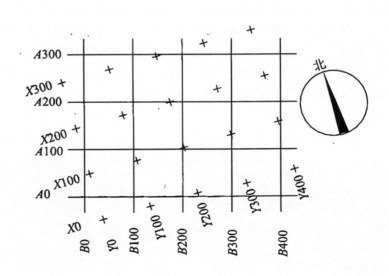

图5-1　建筑坐标与测量坐标的区别

标高应为绝对标高，若标注相对标高，需要注明相对标高与绝对标高的换算关系。

5.1.1.5 等高线

等高线指的是地形图上高程相等的相邻各点所连成的闭合曲线。在等高线上注明相应的高度数值，即为地形图。等高线的间距越大，说明地面越平缓，相反，等高线间距越小则说明地面越陡峭。

5.1.1.6 道路

总图上的道路比例较小，只能表达与建筑物的关系，一般标注出道路中心控制点，表明道路的标高及平面位置即可。

5.1.1.7 风玫瑰图

风玫瑰图也叫风向频率玫瑰图，它是根据某一地区多年平均统计的各个风向和风速的百分数值，并按一定比例绘制，一般多用八个或十六个罗盘方位表示，由于该图的形状形似玫瑰花朵，故名"风玫瑰"。玫瑰图上所表示风的吹向（即风的来向），是指从外面吹向地区中心的方向。

5.1.1.8 其他

总平面图除了表示以上的内容外，一般还有挡土墙、围墙、绿化等与工程有关的内容。

5.1.2 总平面图的阅读

①熟悉图例、比例。

②了解工程性质及周围环境。工程性质是指建筑物干什么用，是商店、教学楼、办公楼、住宅还是厂房等。了解周围环境的目的在于弄清周围环境对新建筑的影响。

③查看标高与地形。从标高和等高线可以知道建造房屋前建筑区域的原始地貌。

④查找定位依据。确定新建筑物的定位是总平面图的主要作用。

⑤道路与绿化。道路与绿化是建筑主体的配套工程。从道路了解建成后的人流方向和交通情况；从绿化可以看出建成后环境的大体情况。

思考与练习

1. 什么是总平面图？它表达的主要内容有哪些？

2. 总平面图上的单位是什么？总平面图上的数值精确到小数点后几位？

任务5.2
总平面图绘制

建议课时： 2课时

教学目标

　知识目标：总平面图的制图规范

　能力目标：总平面图的CAD绘制

　思政目标：绿色环保、场所精神

利用天正建筑绘制。

打开屋顶平面图，将其另存为总平面图。

①改图名并调整比例。双击标准层平面图图名，直接将其修改为"总平面图"。框选绘图区域所有内容，将左下角比例改为合适的比例，本案例修改为1:500，并在之后的绘图过程中保持这个比例。

②删除楼梯间、电梯机房，并将两者的屋顶平面移动到该位置。

③环境绘制。利用CAD的PLINE线绘制周边道路、绿化、停车位等。可通过天正建筑自带的图库绘制一些景观绿化小品等。

④尺寸、符号标注。标注房屋尺寸、道路尺寸、建筑物间距等。标注室外场地设计标高、排水坡度等。标注建筑物四个角点的坐标。绘制指北针或者风玫瑰图。标注建筑入口与建筑层数等，绘制完毕后如图5-2所示。

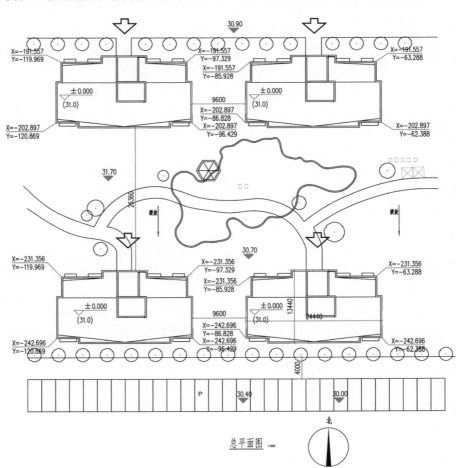

图5-2　总平面图

思考与练习

按制图规范绘制屋顶花园平面图。

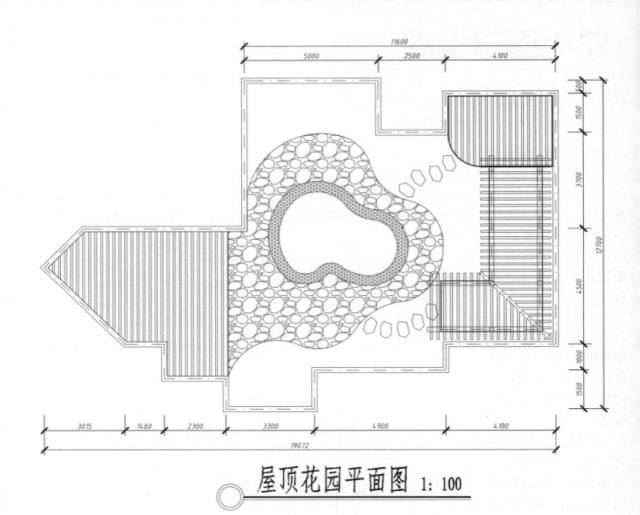

屋顶花园平面图 1：100

屋顶花园平面图

项目 6

建筑施工图——平面图

平面图识读

建议课时： 4课时

教学目标

  知识目标：建筑平面图的图示内容

  能力目标：熟练掌握建筑平面图的识读

  思政目标：美好人居、幸福生活

6.1.1 建筑平面图的基本概念

  通过前面简单平面图的学习我们已经知道，典型的平面图实际是建筑物水平剖面图，所以我们可以根据表达内容的需要选择不同的剖视高度，如图6-1所示。

平面图的生成

  在建筑施工图中，一般建筑有几层就应在该层平面门窗洞口的位置假想剖切，画出对应平面图，如底层平面图、二层平面图、三层平面图……顶层平面图和屋顶平面图。但在实际工程中，多层建筑往往存在许多平面布局相同的楼层，这时可用一个平面图来表达这些楼层的布局，如本项目中2~6层的平面布局相同，即可只绘制一张平面图，称为2~6层平面图，或称为标准层平面图。屋顶平面图其实是俯视建筑所得的"第五立面图"，是房屋顶部按俯视方向在水平投影面上得到的正投影。

  如果房屋平面图左右对称，也可将两层平面图画在一个平面图上，各画一半，用点画线分开，在点画线两端画对称符号，并在图下方分别注出图名。图6-2为对称画法的示意。

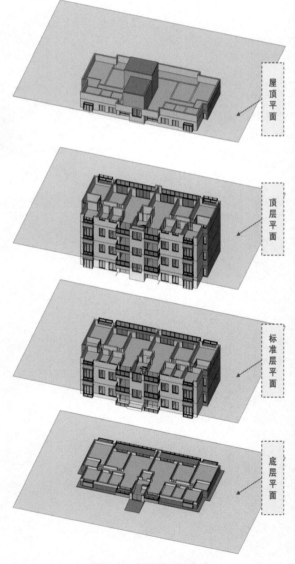

屋顶平面

顶层平面

标准层平面

底层平面

图6-1 各层平面图生成

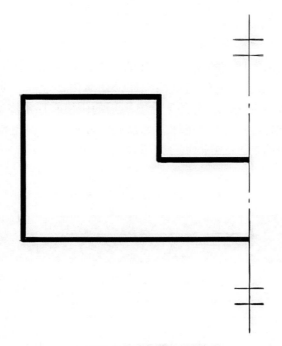

图6-2　平面图的对称示例

6.1.2　建筑平面图表达内容

平面图的表达内容包括平面图样、定位尺寸、标示与索引三大部分，具体如图6-3所示。

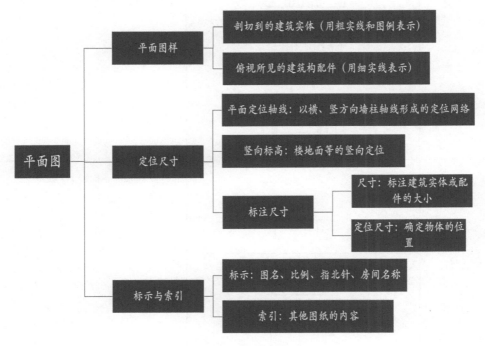

图6-3　平面图图示组成

6.1.2.1 平面图样

用粗实线和规定的图例表示剖切到的建筑，实体的断面，如墙体、柱子、门窗、楼梯等。

用细实线表示剖视方向及向下所见的建筑构配件，如室内楼地面、明沟、卫生洁具、台面踏步、窗台等。有时候楼层平面还应表示室外的阳台、下层的雨篷和局部屋面。底层平面则应同时表示相邻的室外柱廊平台、散水台阶、坡道花坛。如需表示高窗、天窗上部空洞地沟等不可见配件时，可用细虚线表示。常见图例如表6-1所列。

表6-1　常用构造及配件图例

序号	名　称	图　例	说　明
1	墙　体		应加注文字或填充图例表示墙体材料，在项目设计图纸说明中列材料图例表给予说明
2	隔　断		①包括板条抹灰、木制品、石膏板、金属材料等隔断 ②适用于到顶与不到顶隔断
3	栏　杆		
4	楼　梯		①4为底层楼梯平面，5为中间层楼梯平面，6为顶层楼梯平面 ②楼梯及栏杆扶手的形式和梯段踏步数应按实际情况绘制
5			
6			
7	坡　道		7为长坡道，8为门口坡道
8			

序号	名 称	图 例	说 明
9	墙预留槽	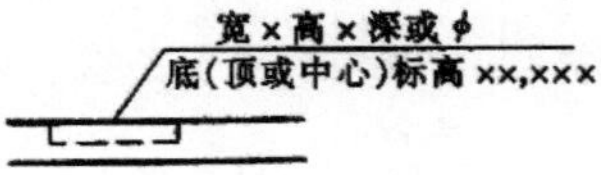 宽×高×深或φ 底(顶或中)标高 xx.xxx	①以洞中心或洞边定位 ②宜以涂色区别墙体和留洞位置
10	烟 道	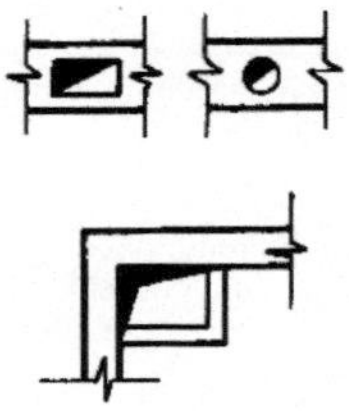	①阴影部分可以涂色代替 ②烟道与墙体为同一材料，其相接处墙身线应断开
11	通风道	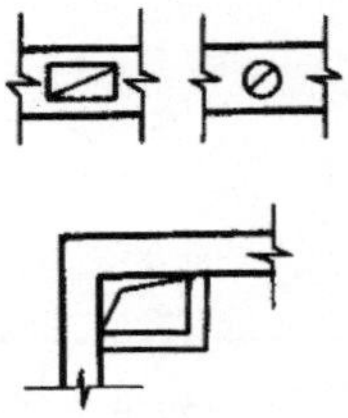	
12	空门洞	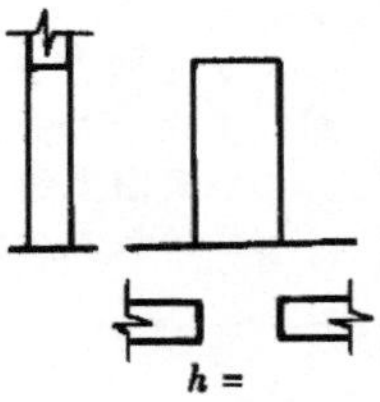 h =	h为门洞高度
13	单扇门（包括平开或单面弹簧）	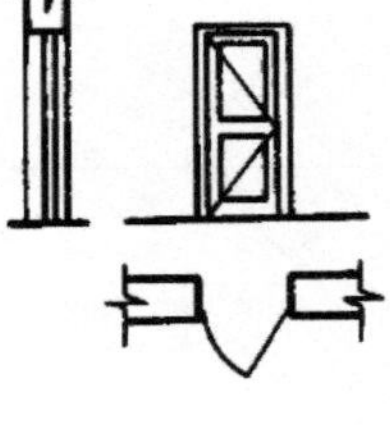	①门的名称代号用M ②图例中剖面图左为外、右为内，平面图下为外、上为内 ③立面图上开启方向线交角的一侧为安装合页的一侧，实线为外开，虚线为内开 ④平面图上的开启线应90°或45°开启，开启弧线宜绘出 ⑤立面图上的开启线在一般设计图中可不表示，在详图及室内设计图上应表示 ⑥立面形式应按实际情况绘制
14	双扇门（包括平开或单面弹簧）	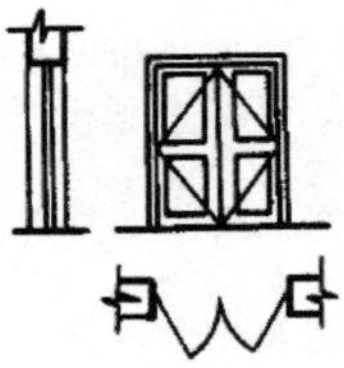	

序号	名 称	图 例	说 明
15	墙中双扇推拉门	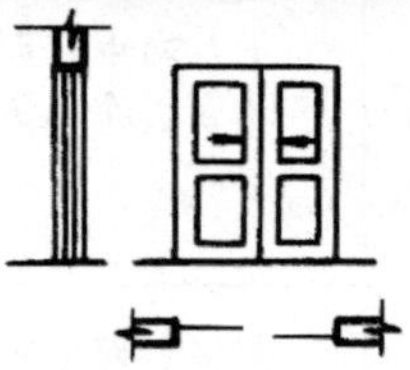	①门的名称代号用M ②图例中剖面图左为外、右为内，平面图下为外、上为内 ③立面形式应按实际情况绘制
16	墙外单扇推拉门	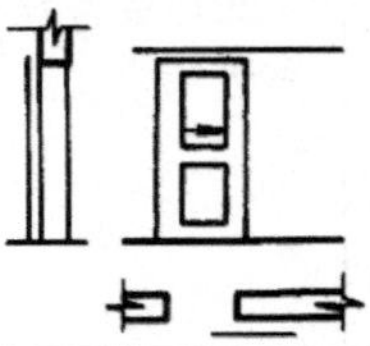	
17	墙外双扇推拉门	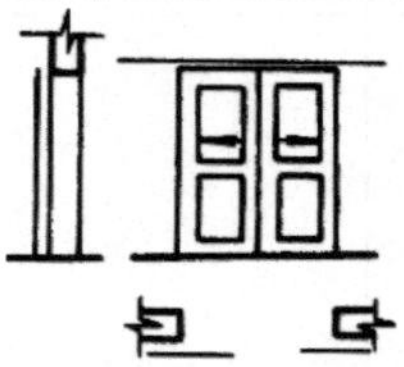	
18	单扇双面弹簧门	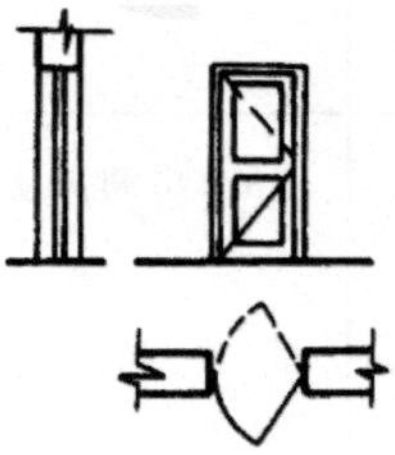	①门的名称代号用M ②图例中剖面图左为外、右为内，平面图下为外、上为内 ③立面图上开启方向线交角的一侧为安装合页的一侧，实线为外开，虚线为内开 ④平面图上的开启线在一般设计图上应表示 ⑤立面形式应按实际情况绘制
19	双扇双面弹簧门	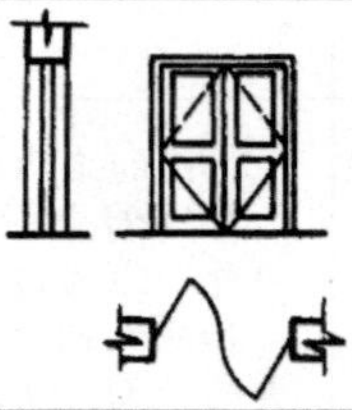	
20	单扇内外开双层门（包括平开或单面弹簧）	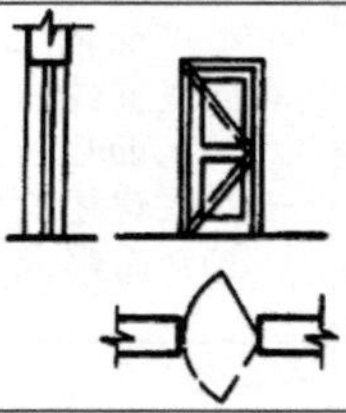	
21	转 门	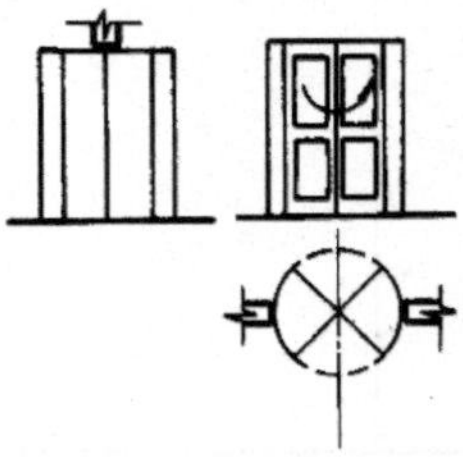	①门的名称代号用M ②图例中剖面图左为外、右为内，平面图下为外、上为内 ③平面图上门线应90°或45°开启，开启弧线宜绘出 ④立面图上的开启线在一般设计图中可不表示，在详图及室内设计图上应表示 ⑤立面形式应按实际情况绘制

续表

序号	名 称	图 例	说 明
22	竖向卷帘门	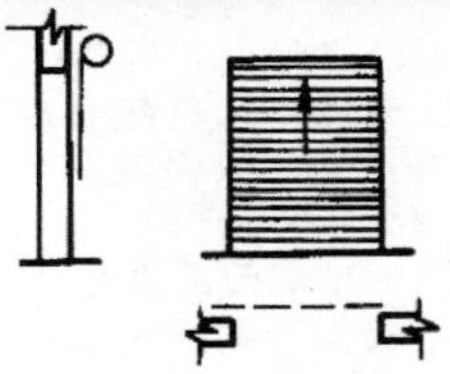	
23	单层固定窗	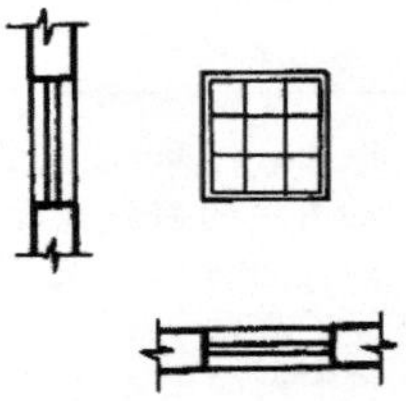	①窗的名称代号用C表示 ②立面图中的斜线表示窗的开启方向，实线为外开，虚线为内开；开启方向线交角的一侧为安装合页的一侧，一般设计图中可不表示 ③图例中剖面图左为外、右为内，平面图下为外、上为内 ④平面图和剖面图上的虚线仅说明开关方式，在设计图中不需要表示 ⑤窗的立面形式应按实际情况绘制 ⑥小比例绘图时平、剖面的窗线可用单粗实线表示
24	单层外开平开窗	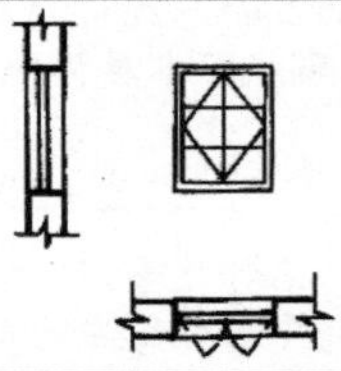	
25	单层内开平开窗	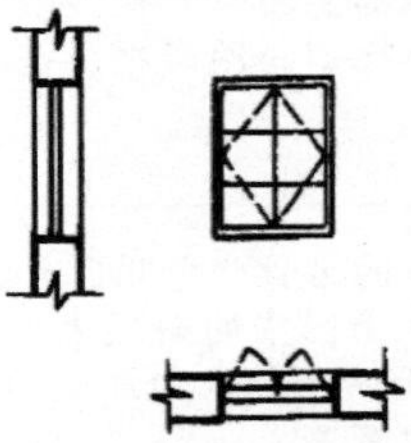	
26	双层内外开平开窗	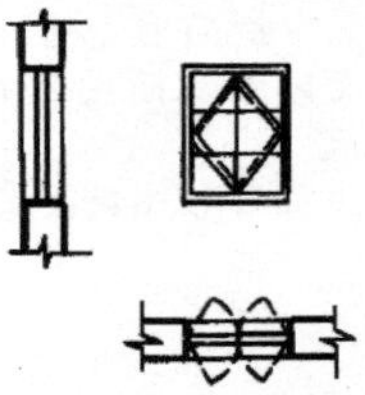	
27	推拉窗	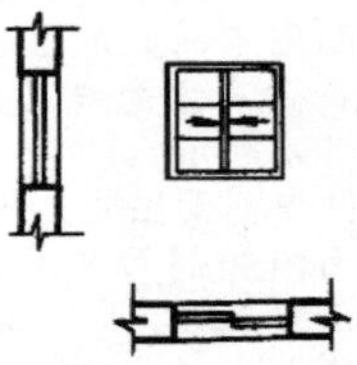	①窗的名称代号用C表示 ②图例中剖面图左为外、右为内，平面图下为外、上为内 ③窗的立面形式应按实际情况绘制 ④小比例绘图时平、剖面的窗线可用单粗实线表示

序号	名 称	图 例	说 明
28	百叶窗	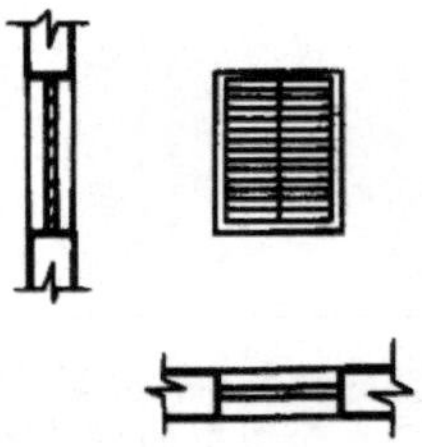	①窗的名称代号用C表示 ②立面图中的斜线表示窗的开启方向，实线为外开，虚线为内开；开启方向线交角的一侧为安装合页的一侧，一般设计图中可不表示 ③图例中剖面图左为外、右为内，平面图下为外、上为内 ④平面图和剖面图上的虚线仅说明开关方式，在设计图中不需表示 ⑤窗的立面形式应按实际情况绘制
29	高 窗	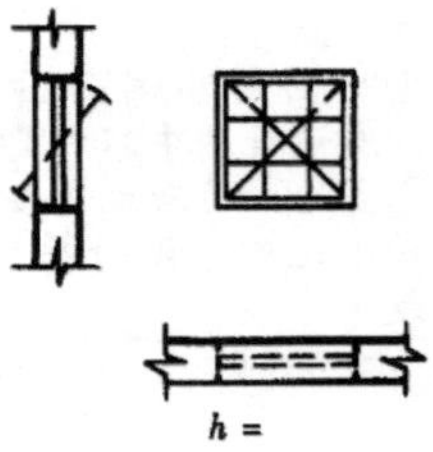 $h =$	①窗的名称代号用C表示 ②立面图中的斜线表示窗的开启方向，实线为外开，虚线为内开；开启方向线交角的一侧为安装合页的一侧，一般设计图中可不表示 ③图例中剖面图左为外、右为内，平面图下为外、上为内 ④平面图和剖面图上的虚线仅说明开关方式，在设计图中不需表示 ⑤窗的立面形式应按实际情况绘制 ⑥h为窗底距本层楼地面的高度
30	推拉窗	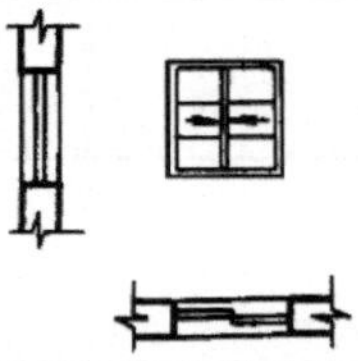	①窗的名称代号用C表示 ②图例中剖面图左为外、右为内，平面图下为外、上为内 ③窗的立面形式应按实际情况绘制 ④小比例绘图时平、剖面的窗线可用单粗实线表示
31	百叶窗	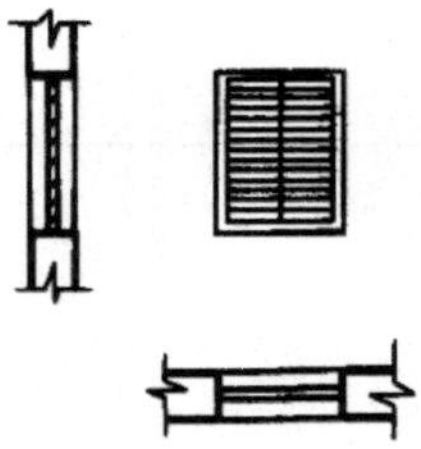	①窗的名称代号用C表示 ②立面图中的斜线表示窗的开启方向，实线为外开，虚线为内开；开启方向线交角的一侧为安装合页的一侧，一般设计图中可不表示 ③图例中剖面图左为外、右为内，平面图下为外、上为内 ④平面图和剖面图上的虚线仅说明开关方式，在设计图中不需表示 ⑤窗的立面形式应按实际情况绘制
32	高 窗	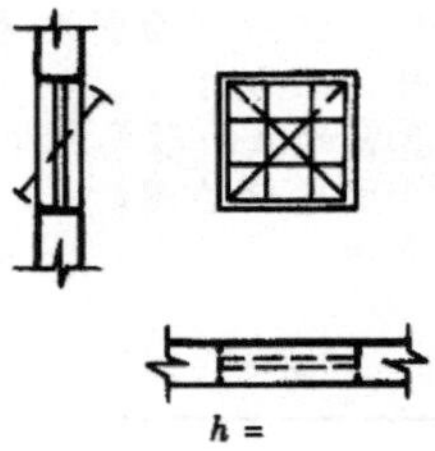 $h =$	①窗的名称代号用C表示 ②立面图中的斜线表示窗的开启方向，实线为外开，虚线为内开；开启方向线交角的一侧为安装合页的一侧，一般设计图中可不表示 ③图例中剖面图左为外、右为内，平面图下为外、上为内 ④平面图和剖面图上的虚线仅说明开关方式，在设计图中不需表示 ⑤窗的立面形式应按实际情况绘制 ⑥h为窗底距本层楼地面的高度

序号	名 称	图 例	说 明
33	推拉窗		①窗的名称代号用C表示 ②图例中剖面图左为外、右为内，平面图下为外、上为内 ③窗的立面形式应按实际情况绘制 ④小比例绘图时平、剖面的窗线可用单粗实线表示
34	百叶窗		①窗的名称代号用C表示 ②立面图中的斜线表示窗的开启方向，实线为外开，虚线为内开；开启方向线交角的一侧为安装合页的一侧，一般设计图中可不表示 ③图例中剖面图左为外、右为内，平面图下为外、上为内 ④平面图和剖面图上的虚线仅说明开关方式，在设计图中不需表示 ⑤窗的立面形式应按实际情况绘制
35	高 窗		①窗的名称代号用C表示 ②立面图中的斜线表示窗的开启方向，实线为外开，虚线为内开；开启方向线交角的一侧为安装合页的一侧，一般设计图中可不表示 ③图例中剖面图左为外、右为内，平面图下为外、上为内 ④平面图和剖面图上的虚线仅说明开关方式，在设计图中不需表示 ⑤窗的立面形式应按实际情况绘制 ⑥h为窗底距本层楼地面的高度

6.1.2.2 定位尺寸信息

（1）定位轴线

定位轴线应用细点画线绘制。横向编号应用阿拉伯数字，从左至右顺序编写，竖向编号应用大写英文字母，从下至上顺序编写。

在两个定位轴线之间，如需附加定位轴线时，其编号可用分数表示。1号轴线或A号轴线之前附加轴线的分母应以01或0A表示。识读方法如图6-4所示。

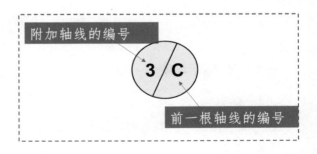

识读——表示A号轴线之前附加的第三根轴线

识读——表示1号轴线之前附加的第一根轴线

图6-4 附加轴线识读方法

以本项目为例，东西方向为①~⑮号定位轴线，②轴与③轴之间有一道附加轴。南北方向为Ⓐ~Ⓔ轴定位轴线，Ⓑ轴与Ⓒ轴之间有两道附加轴轴线。

（2）标注尺寸

包括标注建筑实体大小的尺寸，如墙厚、柱子、断面、台面、宽度、门窗宽度、建筑物外包总尺寸等。还有表示建筑实体或配件位置的定位尺寸，如墙与墙的轴线间距、墙身轴线与两侧墙皮的距离等。标注方法如图6-5所示。

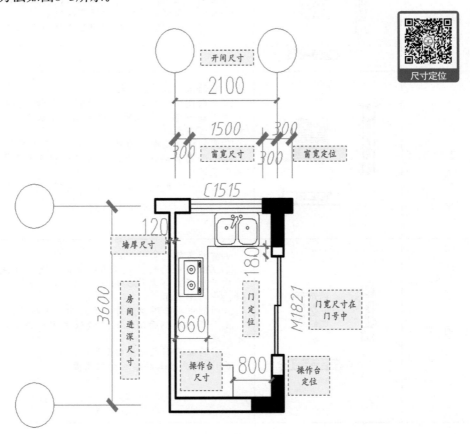

图6-5　平面图尺寸与定位的标注

6.1.2.3　标示与索引

（1）标示

包括图名比例、房间名称、指北针等。

（2）索引

包括门窗编号、放大平面和剖面及详图的索引等，标注方式如图6-6、图6-7所示。

图纸中某一局部或构件，如果需要另见详图，往往会通过索引符号来索引。索引符号一般是由直径为8~10mm的圆与水平直径组成的，并且圆与水平线宽一般为0.25b。

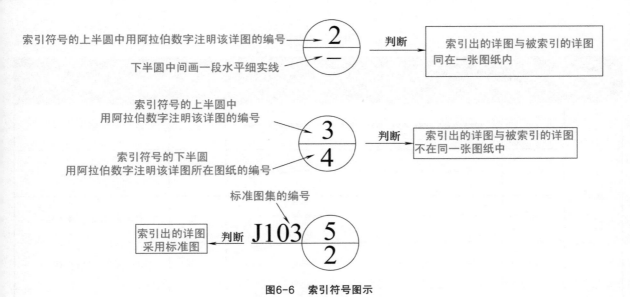

图6-6　索引符号图示

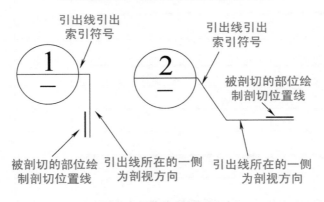

图6-7　索引符号的剖视方向

6.1.3　有关规定和画法特点

　　建筑平面图的线型按《建筑制图标准》规定，凡是剖到的墙、柱的断面轮廓线，宜用粗实线，门扇的开启示意线用中粗实线表示，其余可见投影线则用细实线表示。钢筋混凝土的柱和墙的断面通常涂黑表示。

　　粉刷层在1∶100的平面图中不必画出；当比例为1∶50或更大时则要用细实线画出。没有剖切到的可见轮廓线，如窗台、台阶、明沟、楼梯和阳台等用中实线或细实线画出。尺寸线与尺寸界线、标高符号、定位轴线等用细实线和细单点长画线画出。表6-2为常用线型。

表6-2　常用线型

名　称		线　型	线　宽	用　途
虚线	粗		b	各有关专业制图
	中粗		$0.7b$	不可见轮廓线
	中		$0.5b$	不可见轮廓线、图例线
	细		$0.25b$	图例填充线，家具线
实线	粗		b	主要可见轮廓线
	中粗		$0.7b$	可见轮廓线、变更云线
	中		$0.5b$	可见轮廓线、尺寸线
	细		$0.25b$	图例填充线、家具线
双点长画线	粗		b	各有关专业制图
	中		$0.5b$	各有关专业制图
	细		$0.25b$	假想轮廓线、成型前原始轮廓线
单点长画线	粗		b	各有关专业制图
	中		$0.5b$	各有关专业制图
	细		$0.25b$	中心线、对称线、轴线
波浪线	细		$0.25b$	断开界线
折断线	细		$0.25b$	断开界线

6.1.4　平面图图示内容明细

根据《建筑工程设计文件编制深度规定》，有关平面图的表达具体条文汇总如下。

①承重墙、柱及其定位轴线和轴线编号，内外门窗位置、编号及定位尺寸，门的开启方向，房间名称或编号。

②轴线总尺寸或称外包总尺寸、轴线之间定位尺寸（柱距、开间、跨度）、门窗洞口尺寸、分段细节尺寸。

③墙身厚度（包括承重墙和非承重墙），柱宽、深尺寸及其与轴线的关系尺寸（也有墙身厚度、柱尺寸在建筑设计说明中注写的）。

④变形缝的位置、尺寸和做法索引。

⑤主要建筑设备和固定家具的位置及相关做法索引，如卫生器具、雨水管、水池、台、橱柜、隔断等。

⑥电梯、自动扶梯及步道、楼梯位置和楼梯上下方向及编号。

⑦主要结构和建筑构造部件的位置、尺寸和做法索引，如中庭、天窗、地沟、重要设备或设备基座的位置、尺寸，各种平台、夹层、上人孔、阳台、雨篷、台阶、坡道、散水明沟等。

⑧楼地面预留孔洞和通气管道、管线竖井、烟囱、垃圾道等位置、尺寸和做法索引，以及墙体（主要为填充墙、承重砌体墙）预留洞的位置、尺寸与标高或高度等。

⑨车库的停车位和通行路线，室外地坪标高、底层地面标高、地下室各层标高、各楼层标高。

⑩建筑平面较长较大时，可分区绘制，但需在各分区平面图的适当位置上绘出分区组合示意图，并明显表示本分区部位编号。

⑪图纸名称、比例；指北针或风向频率玫瑰图。

⑫图纸的省略。如系对称平面，对称部分的内部尺寸可省略，对称轴部位用对称符号表示，但轴线号不得省略；楼层平面除轴线间等主要尺寸及轴线编号外，与底层相同的尺寸可省略；楼层标准层可共用同一平面，但需注明层次范围及各层标高。

⑬屋面平面应有女儿墙、檐口、天沟、坡向、雨水口、屋脊（分水线）、变形缝、楼梯间、水箱间、电梯间、天窗及挡风板、屋面上人孔、检修梯、室外消防楼梯及其他构筑物，必要的详图索引号、标高等。表述内容单一的屋面可缩小比例绘制。

6.1.5　底层平面图图示方法与识图示例

各层平面图表达内容如下。

①底层平面图表示第一层房间的布置、建筑入口、门厅、楼梯等有关信息。

②标准层平面图表示中间各层的布置有关信息。

③顶层平面图表示房屋最高层的平面布置图有关信息。

④屋顶平面图表示屋顶平面的水平投影等有关信息。

首层平面图往往标示出墙厚、门的开启方向、窗的具体位置，以及室内外台阶、花池、散水、落水管位置等信息。但是，阳台、雨篷等往往在二层及以上的平面图上表示。

下面结合图6-8和图6-9说明建筑平面图的图示内容与读图方法。

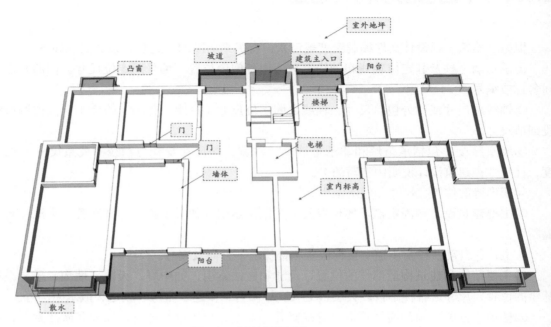

图6-8　底层平面图示意

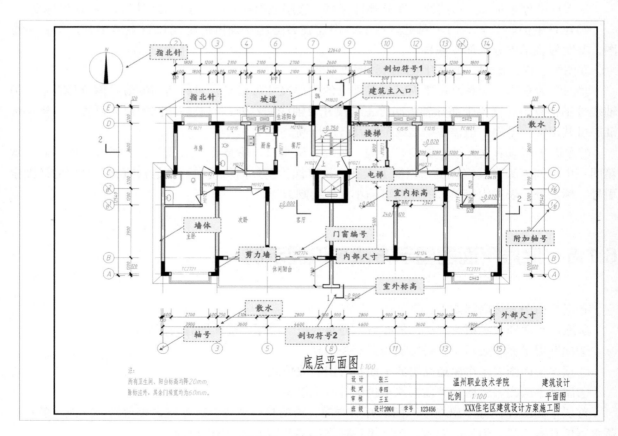

图6-9　底层平面图示内容

6.1.5.1 建筑朝向

建筑的朝向在底层平面图中用指北针表示，主要的入口在哪面墙上就称该建筑是哪个方向的。如该底层平面图，建筑的主入口位于E轴，位于建筑的北方，说明该建筑坐北朝南。

对于一个房间来说，窗开在哪个方向，则称该房间朝向为哪个方向。一般情况下住宅把主要房间设置在南面，有利于采光通风。

6.1.5.2 建筑平面布置

平面布置是平面图的主要内容，表达各个房间与走道、楼梯卫生间的关系。

阅读底层平面图，从该图中可以得出，北面⑦轴到⑨轴之间为楼梯间及电梯厅，为该建筑的公用部分，由此可由住户门进入一户住宅内，这样的布局被人们称为一梯两户，建筑北边布置有餐厅、厨房、次卫、书房，南面布置有主卧、次卧、客厅，南面有休闲阳台，北面有生活阳台。这样的户型可称为3室2厅1厨2卫2阳台。

6.1.5.3 标高

建筑平面图中所标注的标高为相对标高，并以一层室内地面为±0.000标高。但由于各个房间的功能不同，标高可不在同一水平面上。如该图纸中，客厅、次卧、主卧、书房的标高为±0.000，所有阳台、卫生间及厨房的标高为-0.020。

6.1.5.4 墙厚

在该图纸中我们可以读出，该层除了主卫的隔墙与餐厅的隔墙为200厚，其余墙体均为240厚。

6.1.5.5 门窗

在平面图中，门窗只能反映平面位置、洞口宽度与轴线的关系。在图纸中一般构件都用名称的第一个字母表示，M表示门，如M1、M0921、FM1021（一般表示防火门）。C一般代表窗，如C1、C1515等。后面注有编号，或4位数字编号，代指该门窗的长与宽。如该平面图中的M2724，则指该门的宽为2700，高为2400。又如TC2721表示宽2700、高2100的凸窗，C1215表示宽1200、高1500的窗。

建筑施工图一般都附有对应的门窗表，应对照门窗表查看，不应只看门窗标号。

6.1.5.6 楼梯

在平面图中由于比例比较小，只能示意表示该建筑楼梯的投影情况，详细图纸需参照楼梯详图。平面图楼梯只表示楼梯设在建筑中的平面位置、开间和进深大小，楼梯的上下方向及两层楼之间的步级数，如图6-10所示。

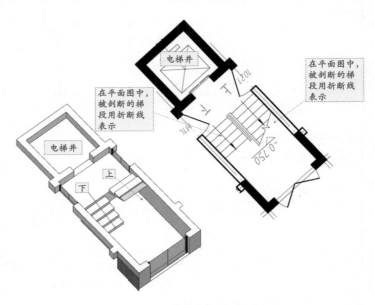

图6-10　楼梯平面的示意图解

6.1.5.7 附属设施

除上述内容外，根据不同的使用要求，建筑的内部可能还设有厨房设备、洁具等。建筑物的外部可能还有阳台、平台、花池、散水台阶等附属设施。这些附属设施在平面图中只能表示出它的位置，具体的做法应查阅详图或标准图集。

如在图6-9中我们可以看到，厨房中设置操作台，卫生间内有浴缸、坐便器、洗手池。南边有休闲阳台，北边有生活阳台、空调外机预留位。沿建筑一周室外墙脚设有散水。

6.1.6 标准层平面图示方法与识图示例

6.1.6.1 标准层平面图识图内容与方法

标准层平面是指建筑物2层及2层以上的各层平面，由于结构体系和布置已基本定型，各层重复性大，可只绘制一张平面图，如图6-11所示。

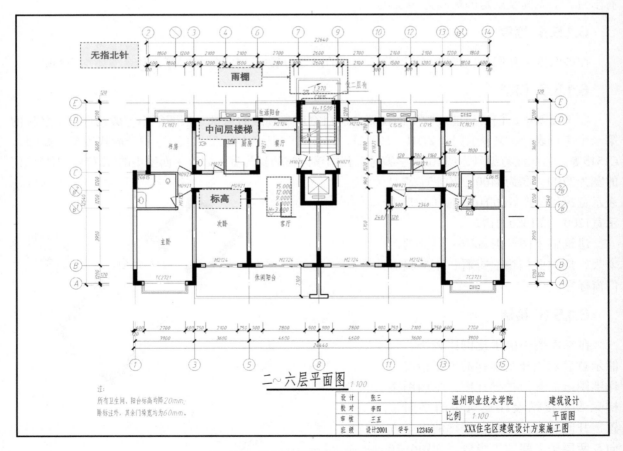

图6-11 标准层平面图与底层平面图的区别

本项目的底层平面图与标准层平面图基本一致，因此在阅读标准层平面图时要注意标准层平面图跟底层平面图之间的差别，差别主要体现在这几个方面。

①房间布置。该建筑中标准层与底层的房间布置并无不同。如墙体、门、窗少量局部变动时，可以在共用平面中用虚线表示，但应注明用于什么层次。

②楼梯。标准层平面图与底层平面图楼梯表达的方式不同。

③标高。标准层中应表示所有平面相同的楼层的标高，如该图纸中，室内标高的高度为3m、6m、9m、12m和15m，共5个层的楼面标高。

④墙体的厚度与材料。由于建筑材料强度和建筑物使用功能不同，建筑墙体厚度与材料在各个层可能不一样。

⑤门和窗。标准层平面图和底层平面图中门窗的设置往往不同。主要有在底层建筑物中入口为大门，而标准层平面图中同一位置建筑主入口改成了窗。

⑥室外表示的内容。在底层平面图中会表示散水台阶、坡道的内容。而在标准层中还有阳台上的雨棚、遮阳板等。

⑦符号标注。在标准层平面图上无需标注剖切符号以及指北针。

6.1.6.2 标准层平面图识图示例

图6-11是建筑标准层平面图，是用1:100的比例绘制。可以看出，该建筑标准层一共表示了2层、3层、4层、5层、6层共6个标高，层高为3m。

与首层平面图相比，减去了室外的坡道以及指北针。房屋开间、进深格局与一层相同。2层在楼梯间窗外增设雨篷。

6.1.7 屋顶平面图示方法与识图示例

屋顶平面图是房屋顶部按俯视方向在水平投影面上得到的正投影，如图6-12、图6-13所示。它用来表示屋面的水方向、分水线坡度、雨水管位置等。屋顶平面可以按不同的标高分别绘制，也可以画在一起，但应注明不同的标高，复杂时多用前者，简单时多用后者。

屋顶平面图中还应画出凸出屋面以上的水箱、烟道、通风道天窗、女儿墙以及俯视方向可见的房屋构配件，如阳台、雨棚、消防梯等。如果屋顶平面图中的内

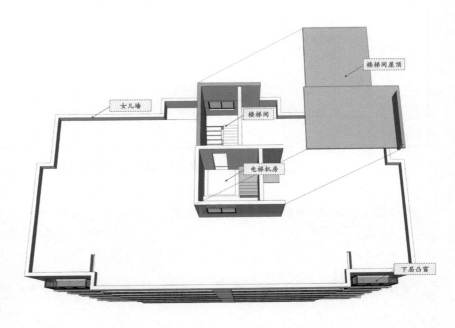

图6-12 屋顶平面图模型

容很简单，也可省略不画，但排水方向、坡度需在剖面图中表示清楚。

①屋面排水情况，如排水分区、天沟、屋面坡度、雨水口的位置等。

②突出屋面的物体，如电梯机房、楼梯间、水箱、天窗、烟囱、检查孔、屋面变形缝等的位置。突出屋顶的加层可不单独绘制平面，使用虚线引出局部平面。注意女儿墙绘制应使用中实线，不必加粗。

③屋面的细部做法应按照建筑详图以及建筑设计说明中的要求。屋面的细部做法包括的内容有高出屋面墙体的泛水、天沟、变形缝、雨水口等。

注：水箱、天窗、烟囱、检查孔、变形缝等根据需要设置，本书图中未表示。

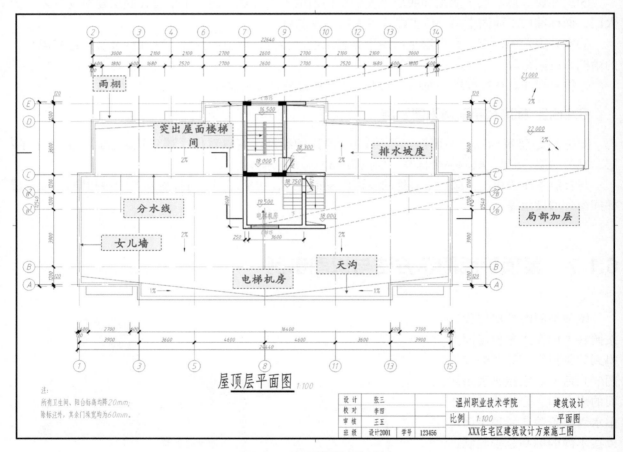

图6-13　屋顶平面图内容示意

思考与练习

1. 平面图的实质是什么图？根据什么形成各层平面图？

2. 什么是三道尺寸，为什么在平面图上必须标注三道尺寸？

3. 平面图中表达的内容主要有什么？

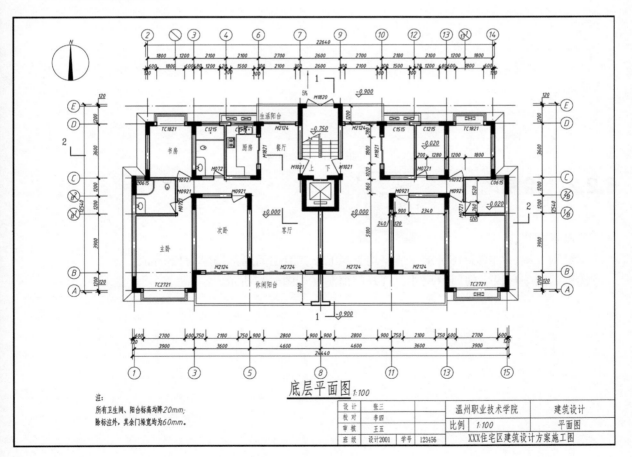

任务6.2

平面图CAD绘制

建议课时：4课时

教学目标

知识目标：建筑平面图的制图规范

能力目标：建筑平面图的CAD绘制

思政目标：以人为本、物尽其用

图6-14为底层平面图。

底层平面图 1:100

注：
所有卫生间、阳台标高均降20mm；
除标注外，其余门槛宽均为60mm。

设 计	张三		温州职业技术学院	建筑设计
校 对	李四			
审 核	王五		比例	1:100	平面图
班 级	设计2001	学号	123456	XXX住宅区建筑设计方案施工图

图6-14　底层平面图

6.2.1 绘制轴网

因为对称户型，所以可先绘制一半轴线，如图6-15所示。图层属性参考项目4。

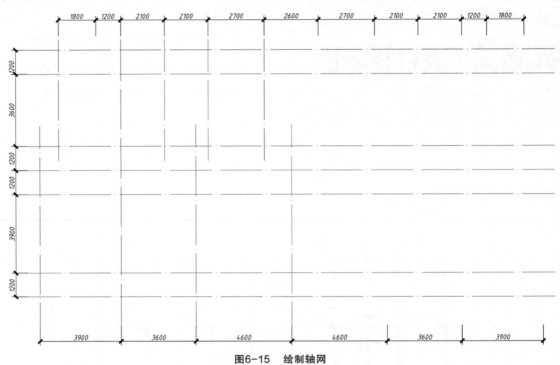

图6-15 绘制轴网

6.2.2 绘制墙体

①设置多线。

②绘制外墙，如图6-16所示。墙厚均为240mm，卫生间局部墙厚为120mm。

③根据图6-14提供的门窗尺寸，打开门窗洞，如图6-17所示。

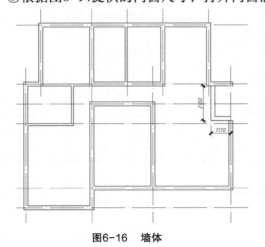

图6-16 墙体

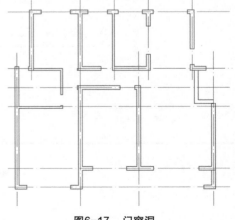

图6-17 门窗洞

6.2.3 绘制柱子

绘制柱子

①绘制柱子轮廓线，如图6-18所示。
②填充柱子，为方便填充选择，可以关闭轴网图层，填充后如图6-18所示。

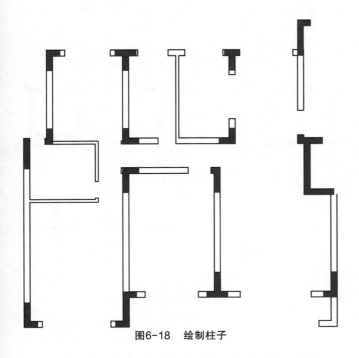

图6-18 绘制柱子

6.2.4 绘制门窗

绘制门窗

（1）门的绘制

在状态栏"对象捕捉追踪" ⃗ 处右键，打开极轴追踪设置，如图6-19勾选"启用极轴追踪"，设置"增量角"为30°，点击"确定"，便可进行开启30°的门扇的绘制。

以门M0921绘制为例讲解。

①输入直线命令快捷键L，点下第一个点，寻找第二个点方向时，每旋转30°便会出现如图6-20中所示虚线，这根虚线便是"极轴追踪线"，当出现这根虚线时输入数据"900"，可以得到开启角度为30°的门扇。

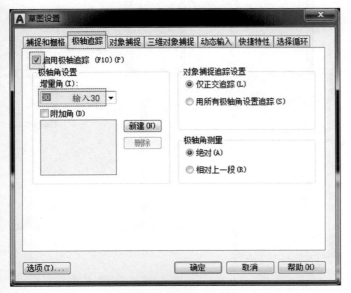

图6-19 极轴追踪设置

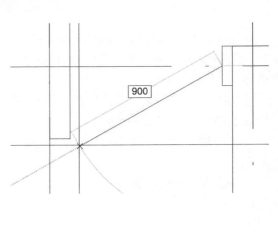

图6-20 极轴追踪

②门的轨迹与门。编号绘制方法同项目4，门的最终样式如图6-21所示。

其他门的绘制参考项目4，注意有高差的地方高差分界线的绘制。

（2）窗的绘制

①以凸窗TC2721绘制为例，四根窗线绘制如图6-22所示。

②完成剩余窗户，如图6-23所示。

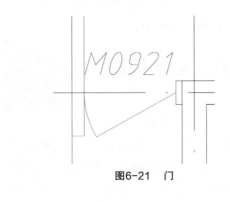

图6-21　门

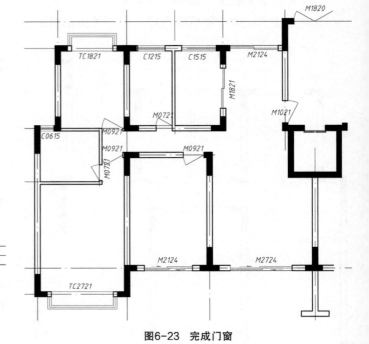

图6-23　完成门窗

图6-22　凸窗TC2721

绘制室内外设施

6.2.5　室内外设施

①阳台与空调外机，如图6-24所示。

②镜像完成另一半户型，如图6-25所示。

③厨房与卫生间设备，只在一侧户型示意绘制即可，如图6-26所示。

④楼梯、电梯，如图6-27、图6-28所示。

⑤散水，如图6-29所示。

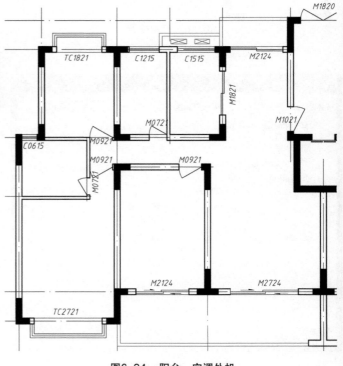

图6-24　阳台、空调外机

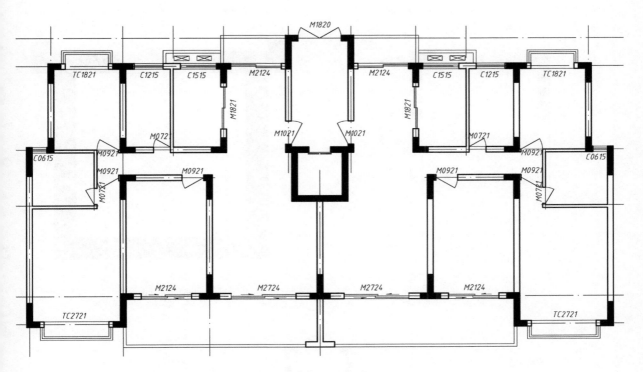

图6-25 镜像完成另一半户型

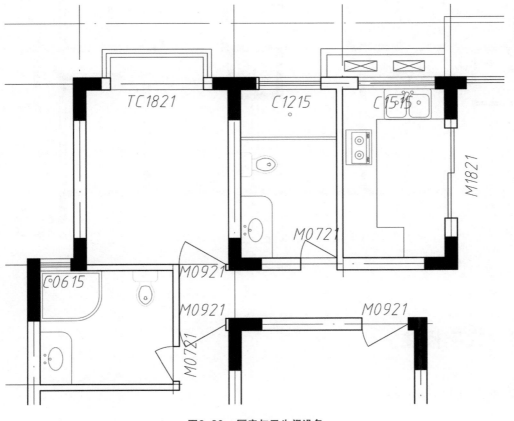

图6-26 厨房与卫生间设备

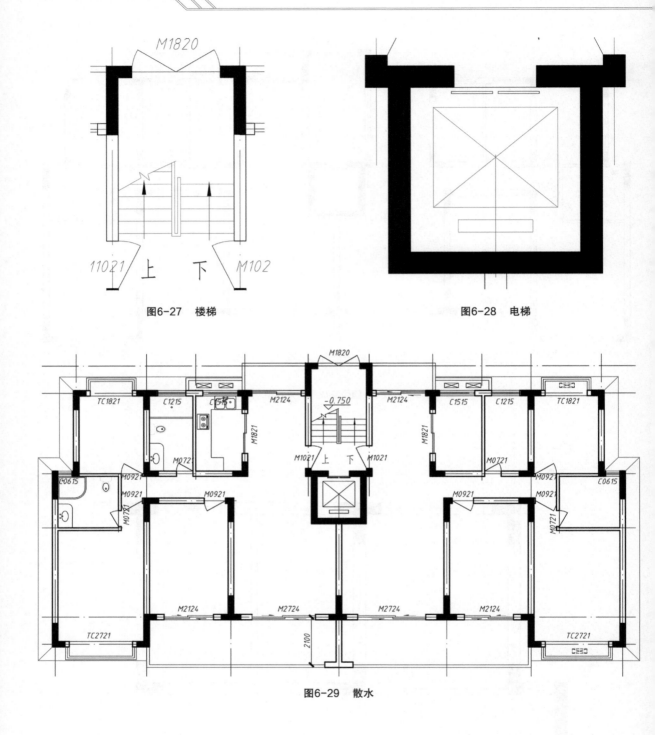

图6-27　楼梯

图6-28　电梯

图6-29　散水

6.2.6　文字标注

文字标注如图6-30所示。

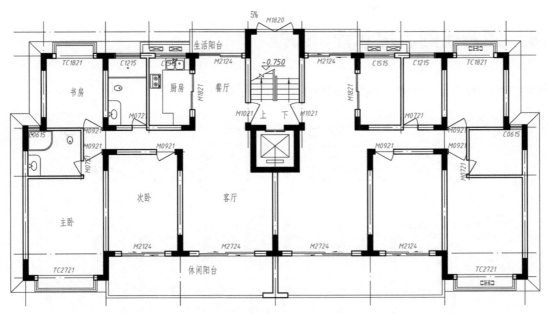

图6-30 文字标注

6.2.7 标注尺寸、标高与剖切符号

标注尺寸、标高与剖切符号如图6-31所示。

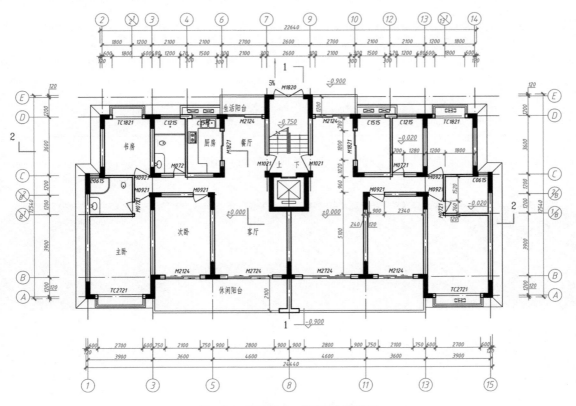

图6-31 标注尺寸、标高与剖切符号

6.2.8 图名比例、指北针、图框

图名比例、指北针、图框，如图6-32所示。

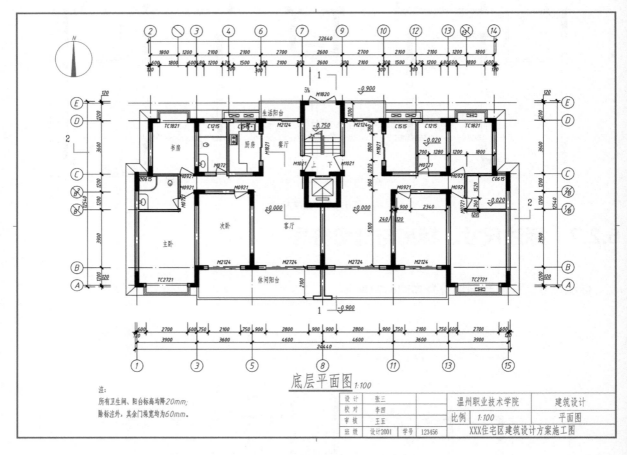

图6-32 图名比例、指北针、图框

思考与练习

完成2~6标准层平面图与屋顶层平面图绘制。

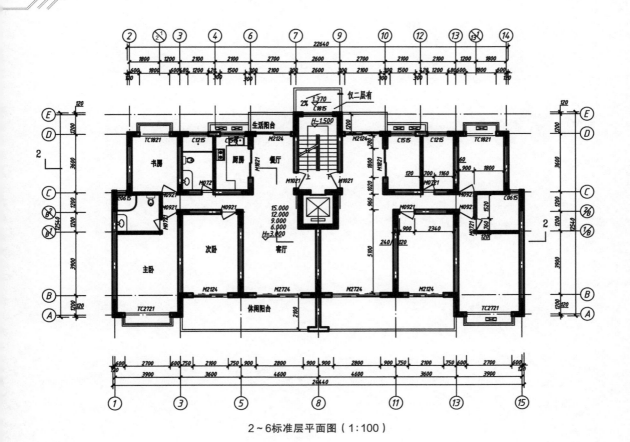

2~6标准层平面图（1:100）

屋顶层平面图（1:100）

项目 7
建筑施工图——立面图

- 任务7.1　立面图识读
- 任务7.2　立面图CAD绘制

建议课时：2课时

教学目标

知识目标：建筑立面图的图示内容

能力目标：熟练掌握建筑立面图的识读

思政目标：绿色节能、和谐自然

任务7.1
立面图识读

7.1.1　立面图的生成与命名

立面图的生成

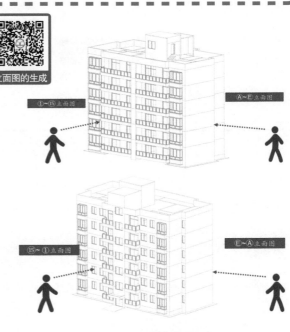

图7-1　立面图的生成过程

如图7-1所示，分别在与建筑物立面平行的各投影面上作房屋的正投影图，可得到建筑各面的立面图。

立面图的图名通常有以下三种命名方式，如图7-2所示。

①根据建筑立面的主次命名。把房屋的主要出入口或反映房屋外貌主要特征的立面为正立面图，而把其他立面图分别称为背立面图、左侧立面图和右侧立面图等。

②根据房屋的朝向命名。例如立面朝北，就称为北立面图。

③根据立面图两端定位轴线编号来命名。例如①~⑮立面图、Ⓐ~Ⓔ立面图。在设计中立面图是设计工程师表达立面设计效果的重要图纸，在施工中是外墙面装修、工程概预算、备料、工程验收等的依据。为此在工程施工图中按建筑物的轴线命名普遍采用。

平面形状曲折的建筑物，可绘制展开立面图，圆形或多边形平面的建筑物，也可分段展开绘制立面图，但均应在图名后加注"展开"二字。

绘制立面图时，各个方向的立面应齐全，但差异小、左右对称的立面可简略绘制。

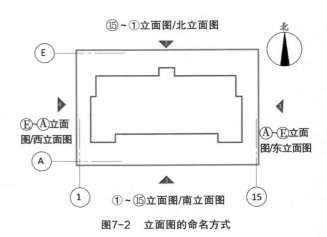

图7-2　立面图的命名方式

7.1.2 立面图的图示内容

立面图的
图示内容

平面图的表达内容包括立面外形、标高与尺寸、标示与索引三大部分，具体如图7-3、图7-4所示。

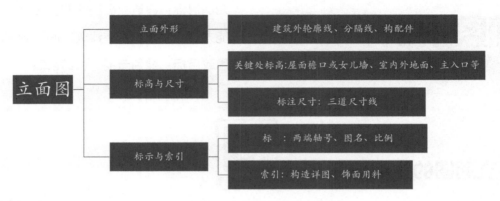

图7-3 立面图表达的基本构成

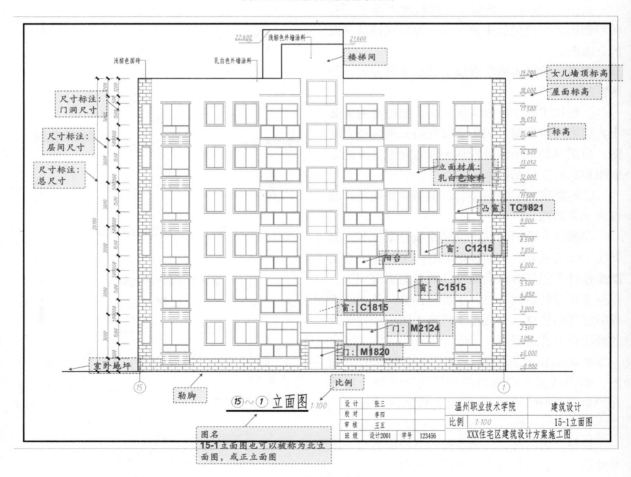

图7-4 立面图图示内容

7.1.2.1　建筑外部形状

建筑立面图反映了建筑的立面形式和外貌，以及外墙外形构造等情况。在建筑立面图中能反映门窗的位置、高度、数量、立面形式。

7.1.2.2　标高信息与尺寸标注

①关键处标高的标注，如屋面或女儿墙的标高。
②平剖面图未能表示出来的屋顶檐口、女儿墙、窗台以及其他装饰构件线角的标高或高度。
立面图中的尺寸主要是表示建筑物高度方向的尺寸，一般用三道尺寸线表示。最外面一道尺寸线上的数字表示建筑物的总高。建筑物的总高定义是从室外地面到屋面女儿墙顶的高度，不考虑屋顶突出物。中间一道尺寸线上的数字表示层高，建筑物的层高是指本层楼地面到上一层楼地面的高度。最里面一道尺寸线上的数字表示门窗洞口的高度及与楼地面的相对位置。

7.1.2.3　标示与索引

①两端轴线编号。
②在平面图上表达不清的窗编号。
③各部分装饰用料或代号，构造节点详图索引。
④图名比例。

7.1.3　建筑立面图读图注意事项

立面图与平面图有密切联系，各立面图轴线编号均应与平面图严格一致，如图7-5所示，并应校核门、窗等所有细部构造是否尺寸正确，样式、材料做法是否正确。

7.1.4　建筑立面图读图示例

这里以该建筑北立面图为例，识读建筑立面图。住宅楼的南立面图、东西立面图，表达了建筑各个面的体形和外貌，窗的位置与形状，各细部

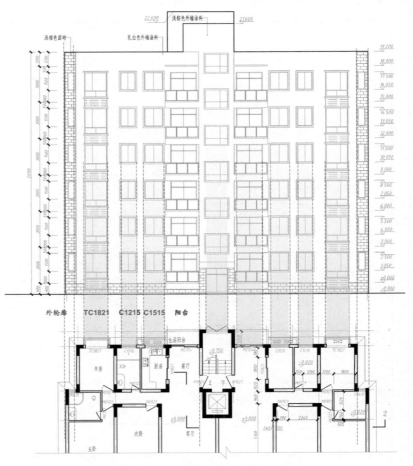

图7-5　立面图与平面图的对应关系

构件的标高、屋面坡度等，读法与北立面图大致相同。

以北立面图为例，通过与建筑平面图结合阅读，可以看出：北立面是建筑的主要立面，建筑物为六层，左右立面对称，首层有单元主入口，门前有坡道，每层均设有阳台，为开敞阳台。屋顶为平屋顶，有突出楼梯间与电梯机房。（建筑外轮廓）

该建筑室内外高差900mm，女儿墙墙顶标高19.200m，所以建筑总高为20.100m。通过标高与尺寸标注阅读，可知门窗高度，结合平面图与门窗表，可知门窗整体尺寸。如窗C0615，可从图中读出其高度为1500mm，结合平面图，可读出其宽度为600mm。（标高与尺寸）

外墙面装修一般用索引符号或引出线表示其做法。具体做法需结合装修做法表或标准图集进行阅读。本项目外墙装饰主要以浅色涂料与贴面砖为主，具体做法则需查阅对应的装修做法表和工程做法表。（标示和索引）

7.1.5　有关规定和画法特点

以北立面图为例，采用了以下线型：用粗实线绘制外轮廓线，用特粗线画出室外地坪线，用中粗实线画出阳台凸出轮廓线，用细实线画出门窗分格线、阳台分格线、立面装饰线以及用料注释引出线等。该立面图所用线型如图7-6所示。

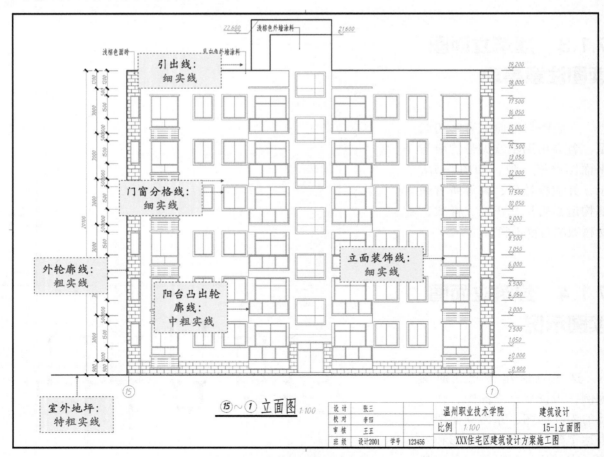

图7-6　立面图的图线线型

思考与练习

1. 为什么说立面图与屋顶平面图在实质上是相同的？
2. 立面图要如何命名？
3. 立面图主要标注哪些尺寸和标高？
4. 立面图如何标注轴线？

任务7.2

立面图CAD绘制

建议课时：2课时

教学目标

知识目标：建筑立面图的制图规范

能力目标：建筑立面图的CAD绘制

思政目标：地域文化、国际视野

图7-7为①～⑮立面图。

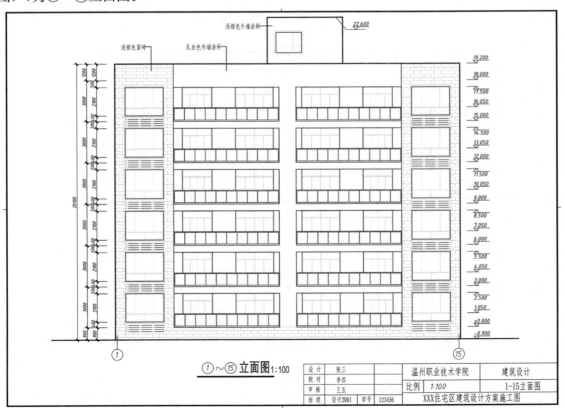

图7-7   ①～⑮立面图

7.2.1　建筑外轮廓

根据项目6平面图绘制建筑立面图外轮廓与主要轮廓，如图7-8所示。

7.2.2　门窗洞

①完成楼层分格线绘制。

②绘制一户门窗洞，如图7-9所示。

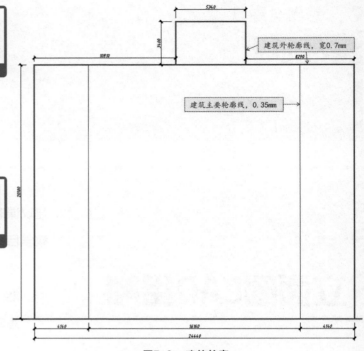

图7-8　建筑轮廓

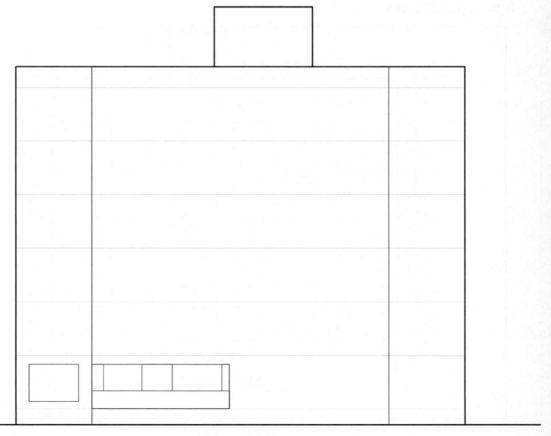

图7-9　门窗洞

7.2.3　门窗细节

①绘制门窗洞细节，样式参考图7-10。

②通过复制和镜像命令完成其他门窗，如图7-11所示。

③完成顶层楼梯间窗户绘制，如图7-11所示。

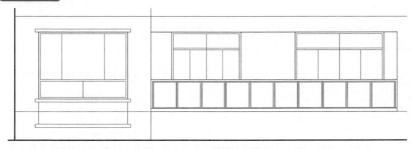

图7-10　门窗细节

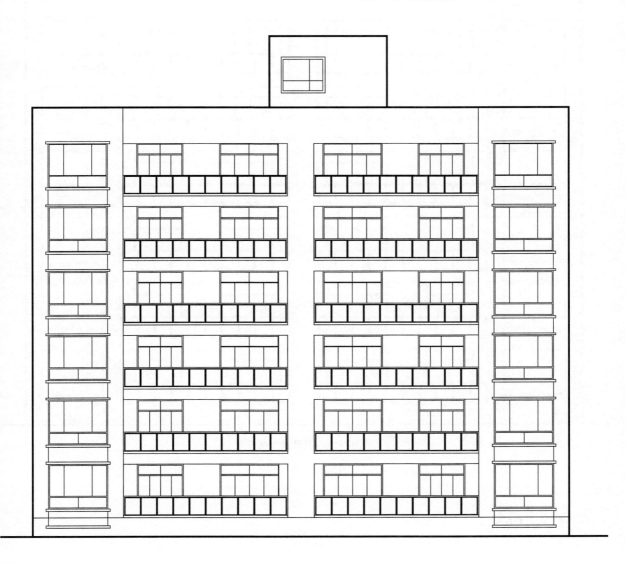

图7-11　完成其他门窗

7.2.4 建筑其他细节

建筑其他细节

用填充命令H完成空调栅格与墙面修饰，如图7-12所示。

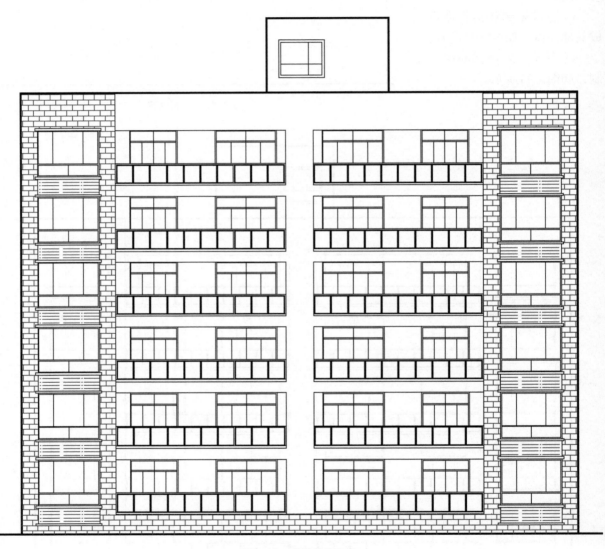

图7-12 其他修饰细节

7.2.5 标注

立面尺寸标注、立面标高标注、立面文字标注（例如材料做法等）如图7-13所示。

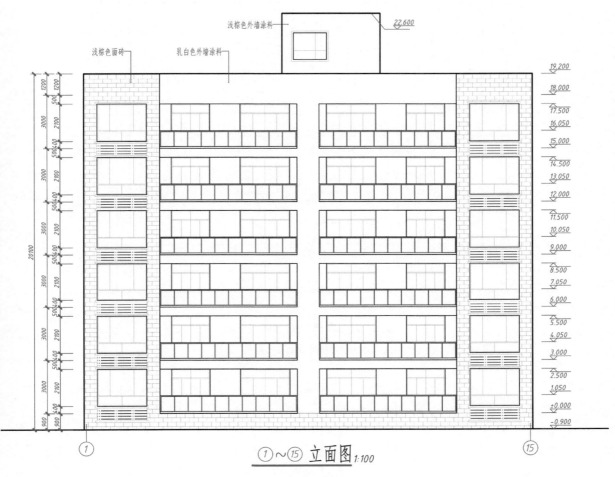

浅棕色外墙涂料 → 22.600

浅棕色面砖   乳白色外墙涂料

① ~ ⑮ 立面图 1:100

图7-13   标注完成

思考与练习

1. 完成⑮~①立面图绘制，如图7-14所示。

2. 完成Ⓐ~Ⓔ立面图绘制，如图7-15所示。

3. 完成Ⓔ~Ⓐ立面图绘制，如图7-15所示。

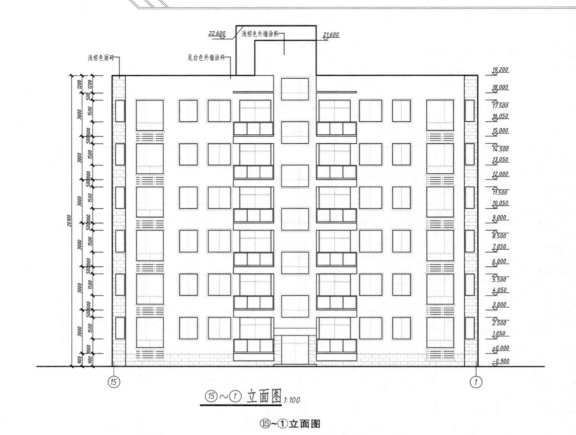

⑮~① 立面图 _1:100_

⑮~①立面图

Ⓐ~Ⓔ 立面图 _1:100_   Ⓔ~Ⓐ 立面图 _1:100_

Ⓐ~Ⓔ与Ⓔ~Ⓐ立面图

项目 8
建筑施工图——剖面图

任务8.1

剖面图识读

建议课时：2课时

教学目标

    知识目标：建筑剖面图的识读

    能力目标：掌握建筑剖面图的识读

    思政目标：层层剖析、多面思考

8.1.1　剖面图的形成与剖切位置

剖面图的生成

8.1.1.1　建筑剖面图的生成

经过上个项目的学习我们已经知道，剖面图是建筑物竖向剖视图，应以正投影法绘制。同样的，在这个项目中建筑剖面图也是如此产生的，1—1平面即是在底层平面图标注1—1剖切符号的位置，假想一个侧立面的投影面，投影生成剖面图。本项目主要要学习建筑剖面图纸的生成方式，如图8-1所示。

8.1.1.2　剖面图的剖切位置

剖面图的剖切位置应选在层高不同、层数不同、内外空间比较复杂、具有代表性的位置，如图8-2中1—1剖面所选的竖向交通部位。

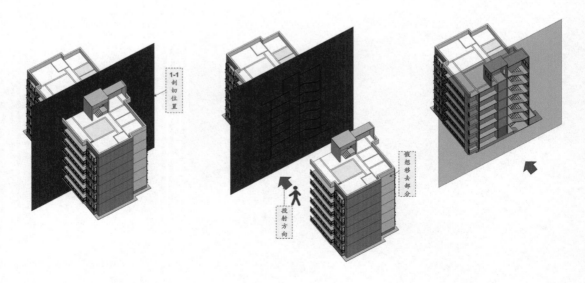

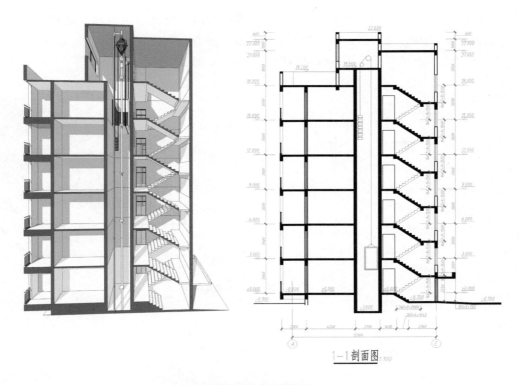

图8-1　1—1模型剖切与图纸的对应

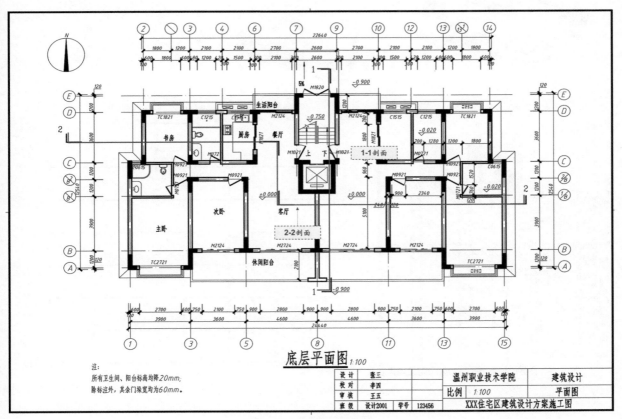

图8-2　剖面图剖切位置

当某建筑内部比较复杂，用一个剖切面不能将其内部形状表达出来，这时可用几个平行的剖切平面进行剖切，如图8-3所示，得到的图称为阶梯剖视图。

如图8-2中的2—2剖面，即阶梯剖视图生成方式，如图8-4所示。

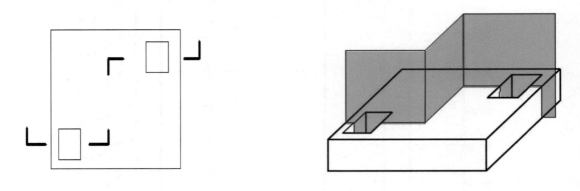

图8-3　阶梯剖示意

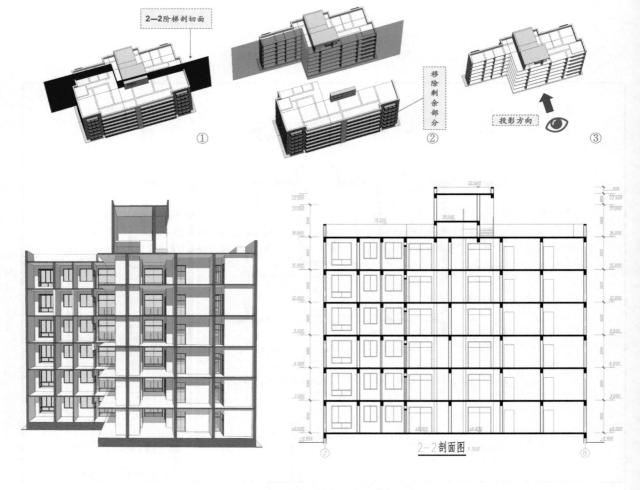

图8-4　2—2模型剖切与图纸的对应(横向)

剖面图的
图示内容

8.1.2　建筑剖面图的图示内容

剖面图的表达内容包括剖面图样、标高与尺寸、标示与索引三大部分，具体如图8-5所示。

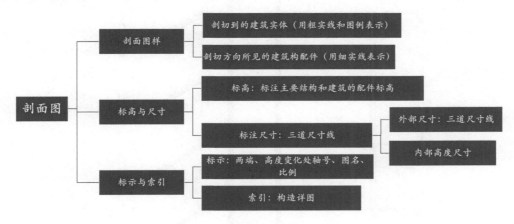

图8-5　建筑剖面图表达基本构成

8.1.2.1　建筑的内部情况

用粗实线和图例表示剖切到的建筑实体断面，用细实线画出剖视方向所见构配件的轮廓线，也就是剖切到的可见的主要结构和建筑的构造配件，如室外地面、底层楼地面、各层楼板、夹层、平台、吊顶、屋顶、烟囱、天窗、檐口、女儿墙、爬梯、门窗、楼梯、台阶、坡道、散水阳台、雨篷、洞口及其他装修。

图8-6为1—1剖面剖切和可见的建筑构配件。

同时，剖面图表达该剖切位置建筑物内部分层情况以及竖向、水平方向的分隔。图8-7为1—1剖面内部空间情况，可结合平面图阅读。

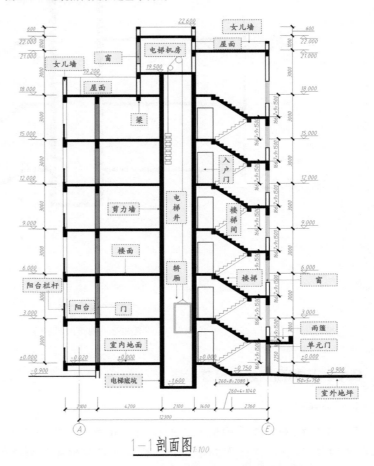

图8-6　1—1剖面剖切和可见的建筑构配件

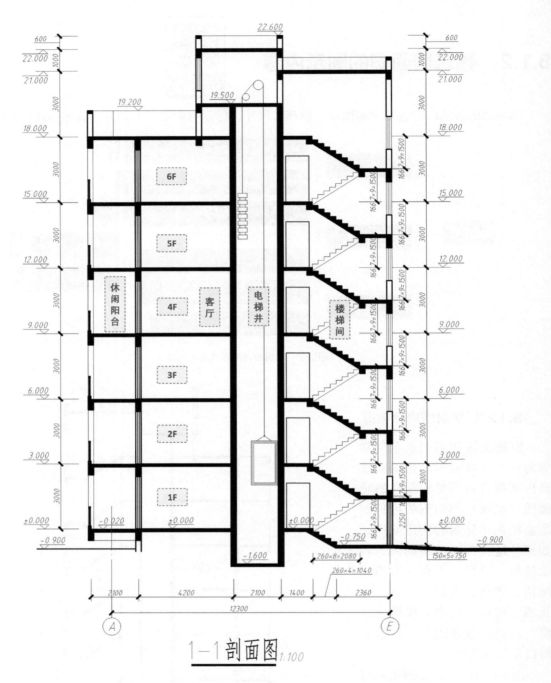

1-1 剖面图 1:100

图8-7 剖面内部空间

8.1.2.2 标高信息与尺寸标注

（1）标高

　　包括主要结构和建筑构造部件的标高，如地面、楼面(含地下室)、平台、吊顶、屋面板、屋面檐口、女儿墙顶、高出层面的建筑物、构筑物及其他屋面特殊构件等的标高，以及室外地面标高。建筑施工图标高系指建筑完成面的标高，否则应加注说明(如屋面为结构板面标高)。

（2）尺寸

剖面图中主要标注高度尺寸，其原因在于:剖面图是建筑物的竖向总剖视，比例较小，而水平尺寸多为细部构造尺寸，需要通过墙身大样等详图才能表达清楚(如外墙厚度、轴线关系、门窗定位、线脚挑出长度等)。至于建筑物的进深尺寸则是平面图全面表达的内容，因此在剖面图内一般不必标注轴线间的水平尺寸。

①外部高度尺寸(三道尺寸)：包括门、窗、洞口高度，层间高度、室内外高差、女儿墙高度，总高度。其他部件（如：雨篷、栏杆、装饰构件等）的相关尺寸，应另行就近标注，以保证清晰明确。

建筑总高度系指由室外地面至女儿墙、檐口或屋面的高度。屋顶上的水箱间、电梯机房、排烟机房和楼梯出口小间等局部升起的高度不计入总高度，可另行标注。

②内部高度尺寸包括隔断、门窗、洞口、平台、吊顶等的高度尺寸。

③标注尺寸的简化。当两道相对外墙的洞口尺寸、层间尺寸、建筑总高度尺寸相同时，可仅标注一侧；当两者仅有局部不同时，只标注变化处的不同尺寸。

8.1.2.3　标示和索引

①轴线和轴线编号。可只标注剖面两端和高低变化处的轴线及其编号。

②图纸名称、比例。

③节点构造详图索引号。由于剖视位置应选在内外空间比较复杂、最有代表性的部位，因此，墙身大样或局部节点应多从剖面图中引出，对应放大绘制，表达最为清楚。

8.1.3　建筑剖面图读图示例

8.1.3.1　建筑剖面图的识图步骤

剖面图需结合平面图阅读，具体如图8-8所示。

①阅读图名比例，结合平面图了解剖切位置与投影方向。

②结合平面图阅读，通过底层平面图找到剖切位置和投影方向，找出剖面图与各层平面图的相互对应关系，建立起房屋内部的空间概念，了解建筑的分层分隔情况。

③结合平面图阅读，剖切到的各构件、墙体和门窗以及未剖切到但看到的墙体、门窗应与平面图对应。

④阅读尺寸与标高标注，了解各部位的高度。

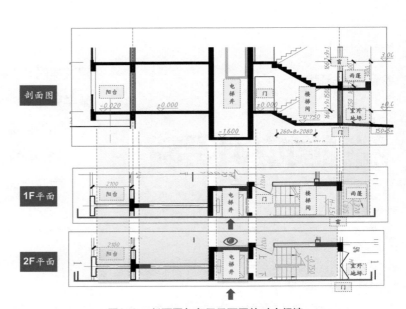

图8-8　剖面图与各层平面图的对应阅读

8.1.3.2　建筑剖面图的识图示例

下面以该建筑1—1剖面（图8-6）为例，识读建筑剖面图，2—2剖面识读方法与之相同。

以1—1剖面示例，看看我们可以从图中得到哪些信息。

该图为建筑物的1—1剖面图，比例为1:100。（图名、比例）

图纸表达了建筑平面图1—1剖切位置的内部情况，该剖切位置的层高为6层，对照平面图，建筑剖切到的房间由左至右有休闲阳台、客厅、电梯井、楼梯间。（建筑内部分隔与分层情况）

建筑剖切到墙体、楼板、门窗、楼梯、栏杆扶手、雨篷等，同时图纸表达了此方向可见的构配件，如楼梯间的门等。由于本剖面图比例为1:100，故构件断面除钢筋混凝土梁、板涂黑表示外，墙及其他构件不再加画材料图例。（剖切到的、看到的构配件）

该建筑为平屋顶，屋面板、楼面为钢筋混凝土，电梯厅墙体为钢筋混凝土，楼梯为钢筋混凝土结构、板式楼梯。（结构构造信息）

图纸右侧为建筑的标高信息，可读出室内外高差为900mm，层高为3000mm，该建筑总高为20.100m。（标高尺寸信息）

思考与练习

1. 剖面图和平面图有何相同与不同之处？
2. 剖面图的剖切位置应该选在建筑物的什么地方？
3. 剖面图的轴线应该如何标注？
4. 剖面图应标注哪些标高和尺寸？

任务8.2

剖面图CAD绘制

建议课时： 2课时

教学目标

　　知识目标：建筑剖面图的制图规范

　　能力目标：建筑剖面图的CAD绘制

　　思政目标：层层剖析、多面思考

（1）地下剖面

如图8-9绘制地坪线以下构造，包含地板、一层阳台、电梯井、入口台阶、室外地坪。

图8-9   地坪线以下剖面

（2）一层墙体楼板

如图8-10绘制一楼墙体、楼板。

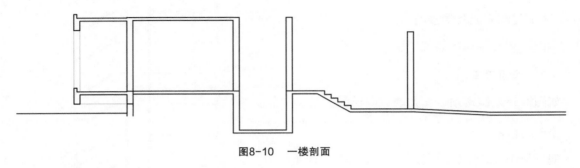

图8-10   一楼剖面

（3）一层门窗等

如图8-11绘制一楼门窗、雨篷、阳台栏杆。

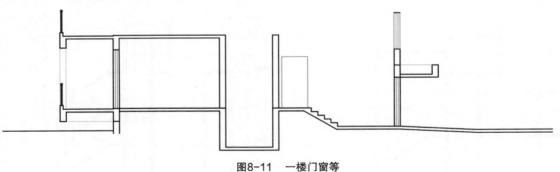

图8-11   一楼门窗等

（4）一层楼梯

如图8-12绘制一层剖面楼梯。

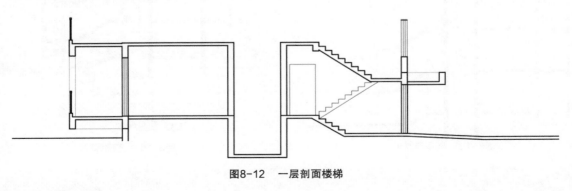

图8-12   一层剖面楼梯

（5）填充剖面

如图8-13填充被剖到的墙、楼板、楼梯等。

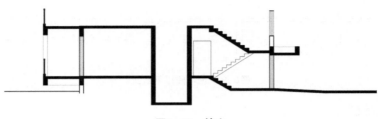

图8-13　填充

（6）复制完成其他楼层

如图8-14复制完成其他楼层。

（7）楼顶等其他

如图8-15绘制楼顶、女儿墙、电梯等。

（8）标注

如图8-16完成尺寸标注、标高标注、轴号标注。

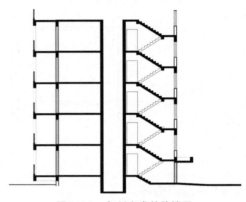

图8-14　复制完成其他楼层

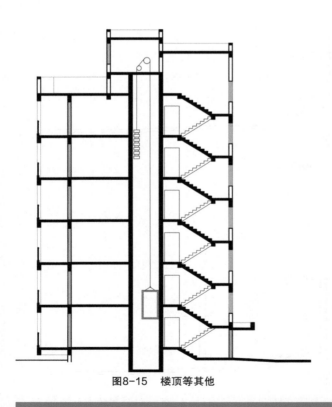

图8-15　楼顶等其他

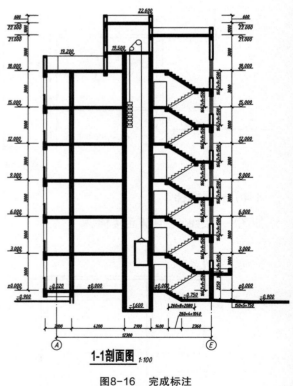

1-1剖面图 1:100

图8-16　完成标注

思考与练习

根据制图规范绘制2—2剖面图。

项目 9
建筑施工图——节点详图

- 任务9.1　节点详图识读
- 任务9.2　打印输出

任务9.1

节点详图识读

建议课时：3课时

教学目标

　知识目标：外墙身详图识读，楼梯详图识读

　能力目标：熟悉建筑外墙身详图及楼梯详图的表现内容

　思政目标：刻画入微、精益求精

建筑详图是将建筑物的细部构造做法用较大比例详细地表示出来的图样，可详细地表达建筑细部的形状、层次、尺寸、材料和做法等，是建筑施工、工程预算的重要依据。它常用的比例为1:1、1:2、1:5、1:10、1:20、1:50。

建筑详图一般分为局部构造详图（楼梯详图、墙身详图、厨房、卫生间）和构件详图（门窗详图、阳台详图），以及装饰构造详图（墙裙构造详图、门窗套装饰构造详图）。一般房屋的建筑施工图需要绘制外墙剖面详图、楼梯详图、门窗详图、阳台详图、台阶详图等。

9.1.1 建筑详图图示特点

（1）比例与图名

建筑详图一般使用1:50、1:20、1:5、1:2等比较大的绘图比例进行绘图。建筑详图的图名与被索引的图样上的索引符号是对应的，以便对照查阅。

（2）定位轴线

建筑详图中，一般会把被剖到的轴线及其编号绘制出来，以便与建筑平、立、剖面图对照。

（3）图线

①建筑详图中被剖到的主要构件的轮廓线用粗实线b绘制。

②建筑详图中没有被剖到而被看到的构件轮廓线用细实线$0.25b$绘制。

③建筑详图中的尺寸线、尺寸界限、标高符号、详图材料做法引出线、粉刷线、保温层线等用细实线$0.25b$绘制。

④室外地坪线用特粗实线$1.4b$绘制。

⑤图例填充线用细实线$0.25b$绘制。

（4）尺寸与标高

建筑详图要完整标注相应的尺寸。

此外，建筑详图应把各部位及各层次有关的用料、做法和技术要求等用文字说明。

9.1.2　外墙详图

外墙身识读

（1）外墙详图的形成与作用

外墙身详图也称为墙身大样图。它一般在外墙身门窗洞口的位置进行垂直剖切，详尽表明墙体从防潮层到屋顶的各主要节点和做法，然后按照大比例，通常是1:20将剖切面的投影绘制出来。

在施工中砌墙、室内外装修、门窗安装、编制施工预算以及材料估算等都要配合使用外墙身详图。

（2）外墙身详图的内容

外墙身详图一般包括底层、中间层、顶层三个部分。

①底层，即墙脚部分，主要包括散水、勒脚、防潮层、层地面、踢脚等部分的具体构造。

②中间层，主要包括楼板层、窗台、门窗过梁、圈梁的形状、大小、材料及其构造情况，以及楼板、柱与外墙的关系等。

③顶层部分，主要包括屋面、檐口、女儿墙及天沟等具体构造。

（3）外墙身详图识读

①建筑材料、墙厚和轴线的关系。由图9-1可知墙厚240mm，墙的定位轴线与中心线A轴重合，居中；墙体材料包括普通砖、钢筋混凝土、空心砖等。

②梁板的位置和墙的关系。建筑底层是预制的钢筋混凝土圆孔板，楼面、屋顶采用的是现浇钢筋混凝土楼板、屋面板，板与梁现浇成一个整体，即整体现浇楼盖。

③地面、各层楼面、屋面的构造做法。由图9-1可知地面及各层楼面的做法，屋面层做法要结合《建筑设计总说明》，另外一些细部做法除了要看《建筑设计总说明》，还要结合装饰一览表，例如由《建筑设计总说明》可知砖砌体设置防潮层的做法，由装饰一览表可知一般地面做法为水泥豆石地面，采用图纸与编号是西南J312-3310a。

④其他。由图9-1我们还可以知道各层建筑标高、结构板高以及相应的窗台高、门窗立口和墙身的关系以及各部位细部（主要内容有排水沟、散水、防潮层、窗台、窗檐、天沟等）的装修及防水防潮做法。

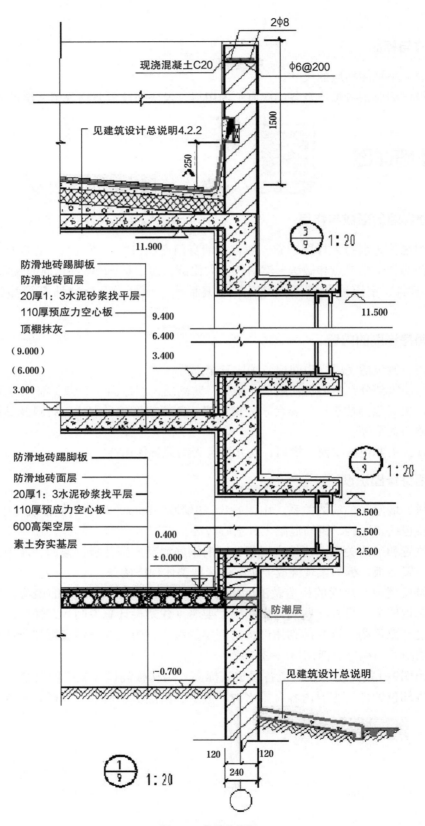

图9-1 外墙身详图

9.1.3　楼梯详图

楼梯是房屋垂直交通的主要设施，其主要由楼梯段（简称梯段）、休息平台、栏杆三部分组成。楼梯详图主要包括楼梯平面图、楼梯剖面图以及相应部位的尺寸及装修做法，如图9-2所示。

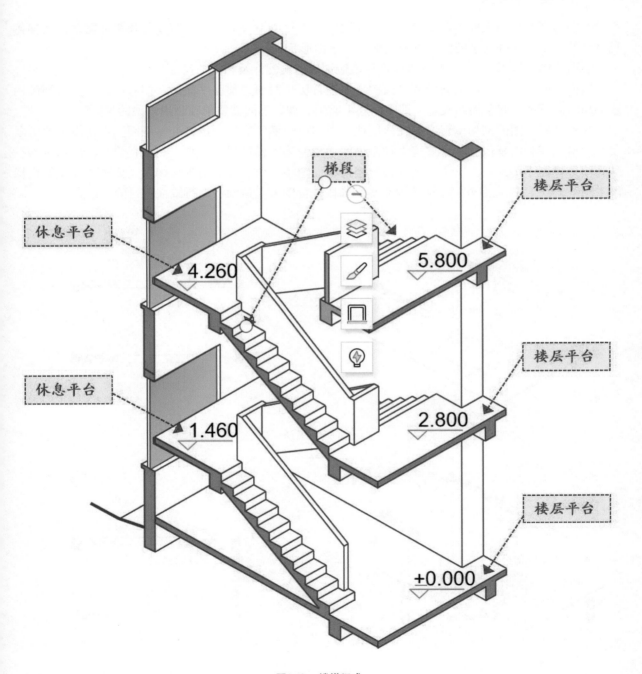

图9-2　楼梯组成

楼梯平面图与建筑平面图的形成方式很类似，都是用一个假想的水平剖面在离该层(楼)地面以上1~1.2m的位置，将楼梯间水平切开，并将剖切平面以上的部分拿走，剩下的部分按正投影的方法绘制而成的水平投影图，称为楼梯平面图。楼梯平面图是分层绘制的，一般包括楼梯底层平面图、标准层平面图以及顶层平面图。

楼梯剖面图则是用一个假想的铅垂面沿某一梯段将楼梯间垂直切开，并向另一梯段方向作正投影所得的投影图。

（1）楼梯平面图

①楼梯平面详图主要表明梯段的长度和宽度、上行或下行的方向、踏步数和踏面宽度、楼梯休息平台的宽度、栏杆扶手的位置以及其他一些平面形状。

绘图比例一般用1:50以上，可以详尽表达楼梯的构配件及相应的尺寸。

楼梯一般每一层楼都需要绘制平面图，除了首层平面图、顶层平面图，如若中间各层的细部构造都相同时可用一张平面图表示，即中间层平面图。如若不同就要单独画出该层的平面图。

楼梯平面详图的剖切位置一般在该层往上走的第一梯段的任一位置处。平面图中用倾斜的折断线表示被剖切到的梯段。其中底层楼梯平面图中要使第一梯段保持完整，在上行第一梯段用折断符号画出分界处［图9-3（a）］，而在顶层楼梯平面图中，由于没有剖到楼梯段，要画出完整的楼梯段［图9-3（c）］。 另外，平面图要在每一梯段处标明该层楼面往上行或往下行的方向。

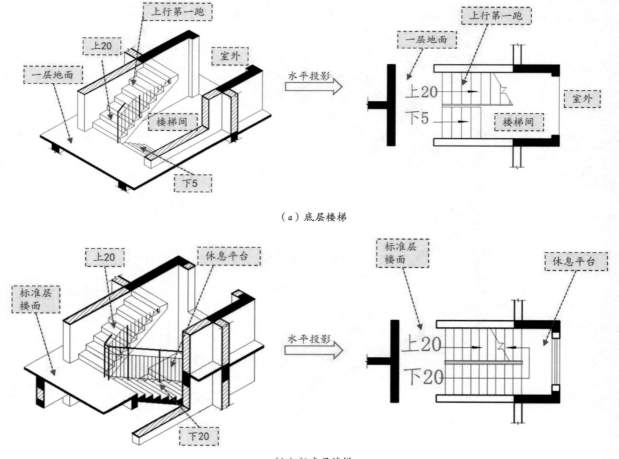

（a）底层楼梯

（b）标准层楼梯

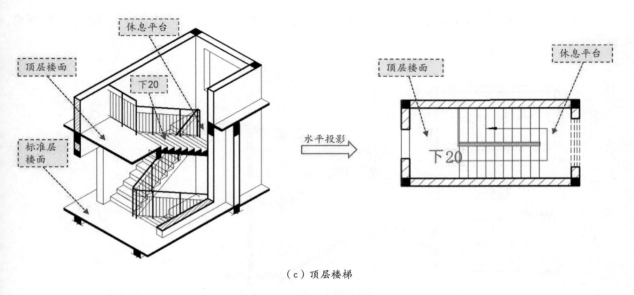

（c）顶层楼梯

图9-3　楼梯平面图与示意图

②楼梯平面图所表达的内容。图9-4为楼梯详图，其表达的内容如下。

a.楼梯间的位置。

b.楼梯间的开间、进深，墙体的厚度。

c.梯段的长度、宽度以及楼梯段上踏步的宽度和数量。

d.休息平台的形状、大小和位置。

e.楼梯井的宽度。

f.各楼层的标高、各平台的标高。

g.标注楼梯剖面图的剖切位置及符号。

③楼梯平面图识读（图9-4）

a.识读图名与比例。图名分别为底层平面图、标准层平面图以及顶层平面图。绘图比例均为1：50。

b.识读楼梯间在平面图中的位置及尺寸。该楼梯处在轴线7～9，C～E之间，楼梯的开间为2400mm，进深为5100mm。

c.识读楼梯间墙、柱、窗的平面位置和尺寸。本楼梯间四个脚部有一些剪力墙，且各层均在休息平台上设置窗C2。

d.识读各层楼梯的平面形式，确定楼梯类型。本建筑楼梯平面形式为双跑平行式。

e.识读楼梯走向、踏步、平台尺寸及各楼层标高，了解该楼梯层的标高、踏步尺寸、梯段宽、梯段长以及梯井宽等。

楼梯平面图中，自室内地面标高+0.000m至二层楼面标高3.000m共上20步，至楼梯间地面标高-0.750m共下5步；踏步尺寸宽为260mm，梯段宽1050mm，梯段长2340mm，梯井宽60mm。

标准层楼梯平面图中，自二层楼面标高3.000m至三层楼面标高6.000m共上20步，至楼梯间地面标高+0.000m共下20步；踏步、梯段、梯井尺寸同一层；休息平台宽1050mm、长2400mm，标高1.5m。三层楼面至四层楼面同二层楼面至三层楼面。

顶层楼梯平面图中，自顶层楼面标高12.000m至下层楼面标高9.000m共下20步，梯段长2340mm，踏步、梯井尺寸同其他层，休息平台宽1050mm，长2400mm，标高10.500m。

f.识读楼梯剖面图的剖切位置。本建筑楼梯间一层平面图中1—1剖切符号显示剖切到了楼梯间窗和梯段。

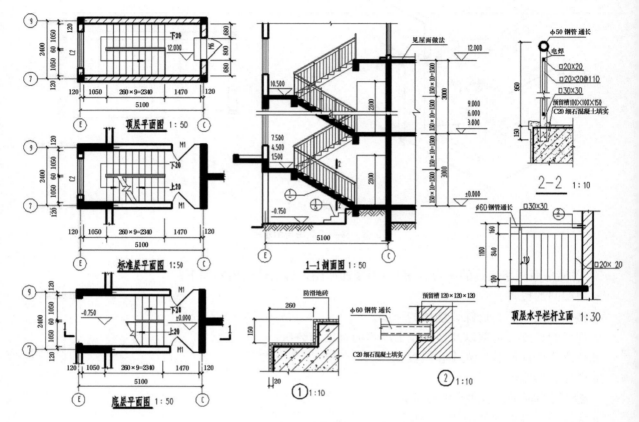

图9-4 楼梯详图

（2）楼梯剖面图

①楼梯剖面图的作用。楼梯剖面图比例一般为1:50，楼梯剖面图主要表达楼梯踏步、平台的构造、栏杆的形状以及相关尺寸;楼梯剖面图可只画底层、中间层和顶层剖面图，其余部分用折断线将其省略。

②楼梯剖面图所表达的内容

a.楼梯间的进深、墙体的厚度及其与定位轴线的关系。

b.楼梯段的长度、休息平台、楼层平台的宽度。

c.休息平台的标高和楼层标高。

d.楼梯间窗洞口的标高和尺寸。

e.被剖切梯段的踏步个数及材料。

f.构造索引符号。

③楼梯剖面图的识读（图9-4）

a.识读图名与比例。本图图名1—1剖面图，绘图比例为1:50。

b.识读楼梯间轴线编号与进深尺寸。本图显示楼梯间在E轴和C轴线间，进深5100mm。

c.识读楼梯的结构类型。本楼梯为钢筋混凝土板式楼梯，设有平台梁。

d.识读楼梯的细部做法、尺寸及标高。本图中显示为两层楼梯，用折断线分开，表示省略。

第一层楼梯位于一层和二层之间，两个梯段。标识"150×10=1500"表示梯段高1500mm，踏步高150mm，每一梯段共10个踏步。休息平台位于标高1.500m处，并在窗子处设有护窗栏杆。每一梯段临空面设有栏杆扶手，栏杆(板)的高度尺寸见详图2—2。楼梯间地面做法本图未标识，参见设计说明。

显示的第二层楼梯位于四层和五层之间，两个梯段。标识"150×10=1500"表示梯段高1500mm，踏步高150mm，每一梯段共10个踏步。休息平台位于标高10.500m处。其余同第一层楼梯。

（3）其他

踏步、栏杆（板）、扶手这部分内容同楼梯平面图、剖面图相比，采用的比例更大一些，其目的是表明楼梯各部位的细部做法。

如图9-4中楼梯详图中1号、2号详图所示，楼梯的踏面宽为260mm（在楼梯平面图中也有表示）；踢面的高为150mm（在楼梯剖面图中也有表示）。楼梯间踏步的装修若无特别说明，一般都是同地面做法。在公共建筑中，楼梯踏面要设置防滑条。

如图9-4中2—2剖面图所示栏杆、扶手的做法，栏杆是插入楼梯面的预留槽中，插入预留槽的深度为150mm，并用C20细实混凝土填实。栏杆立柱采用的是截面尺寸为30mm×30mm的方钢，扶手是直径为50mm的钢管。栏杆立柱与扶手采用电焊连接方式。此外顶层水平栏杆立面图中表示了顶层楼梯水平段栏杆做法以及2号详图中水平段扶手与墙体的固定方式。

思考与练习

1. 墙身大样图一般表达哪些构造节点？

2. 阅读下列墙身详图，完成下列问题：

该房屋的墙体材料是_____，厚度为_____。室内外地面高差为_____，室外散水宽度为_____，剖切到的窗户高度为_____。墙身防潮层的构造做法为_____，设置在_____高度。圈梁的做法是_____(预制、现浇)钢筋混凝土。

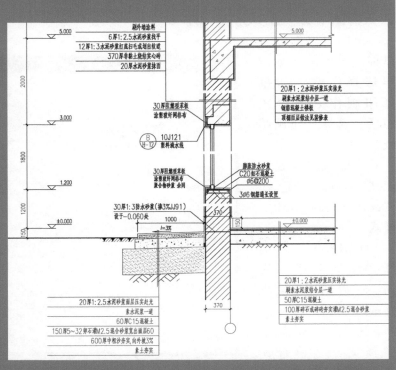

任务9.2

打印输出

建议课时： 1课时

教学目标

知识目标：比例打印

能力目标：打印设置与输出

思政目标：激发活力、知行合一

9.2.1 打印输出

输入打印快捷命令Ctrl+P，跳出"打印"对话框。如图9-5确定以下选项。

①打印机/绘图仪：导出黑白透明图，可以打印成PDF格式或者EPS格式，此格式可以作为PhotoShop后期处理的图形文件。

②图纸尺寸：根据打印比例选择合适的图纸，工程图纸一般选择ISO A3尺寸居多，施工图纸有时候可能是A0或者其他尺寸，可以在打印机"特性"中自定义图纸尺寸。

③打印范围：选择"窗口"，框选需要打印的范围。

④打印偏移：通常为"居中打印"。

⑤打印比例：可以根据打印的实际需要选择比例，如果打印制作方案彩图的话，选择"布满图纸"即可。

⑥打印样式表：黑白打印，选择"monochrome.ctb"样式。

⑦图形方向：选择"纵向"或"横向"，以图形最大化展示为参考标准。

⑧打印前需要"预览"，检查无误，确认打印。

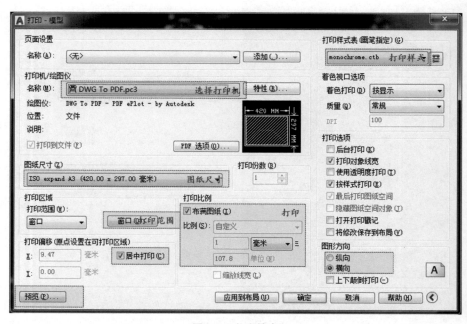

图9-5 打印输出

拓展小知识

EPS格式打印所需打印机"Postscript Level 1.pc3"的添加步骤如下。

第一步：在"文件-绘图仪管理器"中找到"添加绘图仪向导"，如图9-6所示。

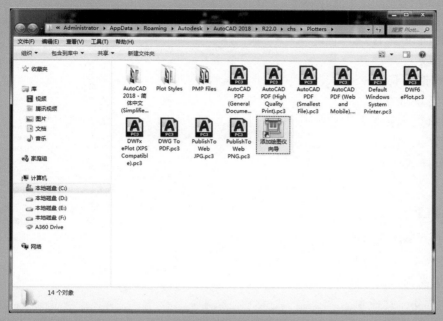

图9-6　绘图仪管理器

第二步：双击打开"添加绘图仪向导"，跳出"添加绘图仪"窗口，按步骤点击"下一步"直到完成，所有选项均选择默认值即可，注意添加的打印机名称为"Postscript Level 1.pc3"，如图9-7所示。

图9-7　添加打印机

9.2.2 多比例布局

（1）布局页面设置

在界面左下方"布局1"右键，选择"页面设置管理器"，点击"修改"，跳出如图9-8窗口，修改打印机，选择恰当的图纸尺寸与方向，点击"确定"即可。注意打印范围为"布局"，打印比例"1:1"，打印样式"acad.ctb"。

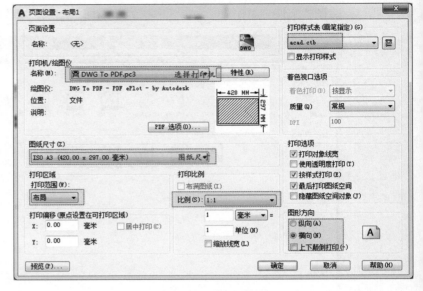

图9-8　布局设置

（2）布局视口

①新建"视口"图层。打开"图层管理器"，新建视口图层，注意设置为"不打印"，颜色自定义，其他参数同0图层，置为当前图层。

②调出视口。在工具栏任意位置，右键，勾选"视口"，出现工具条。

③创建视口1，比例1:20。单击"单个视口"按钮，在布局中任意点两点，创建视口1，双击视口内任意位置，打开视口编辑，调整图形到视口中心，选择节点图打印比例"1:20"，如图9-9所示。

④创建视口2，比例1:10。单击"单个视口"按钮，在布局中任意点两点，在视口1旁白空白处创建视口2，双击视口内任意位置，打开视口编辑，调整图形到视口中心，选择节

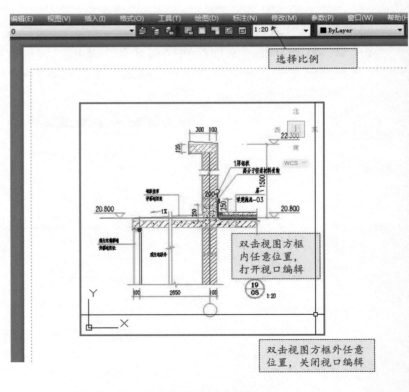

图9-9　视口1布局

点图打印比例"1:10"，如图9-10所示。以此类推可以布局其他比例图。

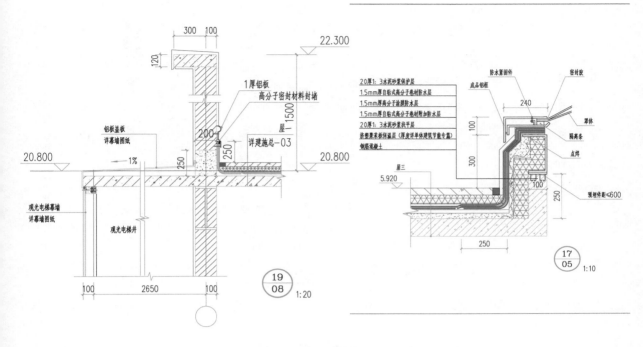

图9-10　不同比例视口布局

思考与练习

阅读楼梯详图，回答下列问题。

1. 楼梯详图由_____、_____、_____三部分组成，楼梯平面图主要表示楼梯_____，楼梯剖面图主要表示楼梯_____。

2. 楼梯间开间为_____，进深为_____，墙体的厚度为_____。

3. 此楼梯共有_____跑梯 段，每个梯段的踏步数量分别为_____，踏面宽_____踢面高_____，梯段的宽度为_____，梯井的宽度为_____。

4. 楼梯栏杆采用的材料是_____，它与踏步的连接是_____；扶手材料是_____，它与栏杆采用_____连接。

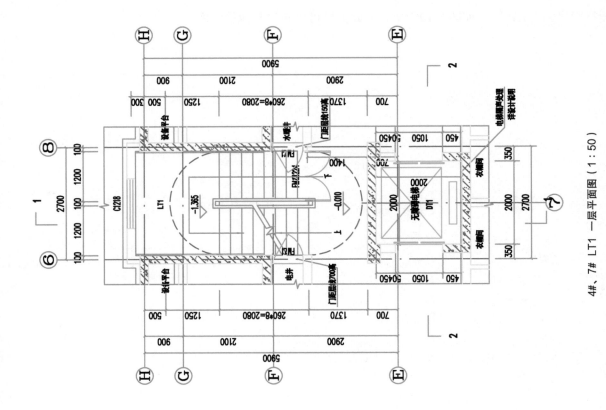

4#、7# LT1 一层平面图（1：50）

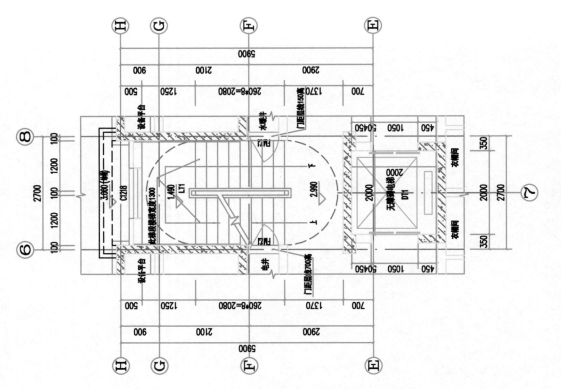

4#、7# LT1 二层平面图（1：50）

项目 10 结构施工图

任务10.1

结构施工图概述

建议课时：1课时

教学目标

　　知识目标：结构施工图的分类、内容及
　　　　　　　有关规定

　　能力目标：掌握结构施工图中的图线、
　　　　　　　比例、构件代号等有关规定

　　思政目标：安全为先、责任在心

10.1.1　结构施工图简介

结构施工图简
介与主要内容

　　在房屋建筑中，结构的作用是承受自身重力和传递荷载。一般情况下，结构荷载传递路径如下：外力—楼板—梁—柱、墙—基础—地基，如图10-1所示。

　　建筑结构主要有钢筋混凝土结构、钢结构、木结构、砖混结构等四大类。本章主要介绍最常用的钢筋混凝土结构施工图的阅读方法。结构施工图主要反映承重构件的布置情况、构件类型、材料质量、尺寸大小及制作安装方法，特别是柱、梁、板、基础等结构主要承重构件，如何绘制结构施工图并准确无误地识读而后用于施工中。

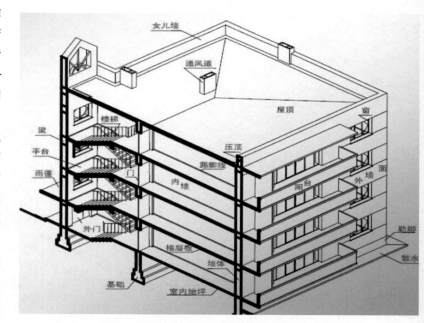

图10-1　钢筋混凝土框架结构示意

10.1.2　结构施工图的主要内容

　　结构施工图的主要内容包括结构设计总说明、结构平面图、结构详图三部分。

10.1.2.1　结构设计总说明

根据工程的复杂程度，结构设计总说明的内容有多有少，但是一般有以下几方面。

①总则。主要阐明国家在建筑业中的大政方针。比如建筑物的重要程度、抗震烈度以及合理使用年限等规定。

②主要设计依据。阐明执行国家有关的标准、规范、规程等。

③荷载的取值。荷载的取值是结构计算的依据，如不同使用房间的荷载以及雪载、风载等。

④材料。主要是对各种材料的质量要求，如建筑上所用的钢材、水泥的质量要求等。

⑤上部结构构造。包括钢筋混凝土的构造要求和砌体的构造要求。

10.1.2.2　结构平面图

结构平面图同建筑平面图一样，属于全局性的图纸，主要内容包括：基础平面图及基础详图，基础设计说明等；柱、梁、板结构平面图；屋顶梁、板结构平面图。

10.1.2.3　结构详图

结构详图属于局部性的图纸，表示构件的形状、大小、所用材料的强度等级和制作安装要求等。其主要内容有：柱、梁、板等构件详图；楼梯结构详图；其他构件详图。

注意：结构施工图是在建筑施工图的基础上绘制的，在识读结构施工图时需要跟建筑施工图配合，两者不能相互矛盾。

10.1.3　结构施工图的基本规定

结构施工图的
基本规定

10.1.3.1　图线

绘制结构施工图时，应遵守《房屋建筑制图统一标准》（GB/T 50001—2010）和《建筑结构制图标准》（GB/T 50105—2010）的规定。

图线宽度 b 应按现行《房屋建筑制图统一标准》（GB/T 50001—2010）中的有关规定选用。每个图样应根据复杂程度与比例大小，先选用适当基本线宽度 b，再选用相应的线宽。根据表达内容的层次，基本线宽 b 和线宽比可适当增加或减少。建筑结构专业制图应选用表10-1所示的图线。

表10-1　结构施工图中的图线

名　称		线型	线宽	一般用途
实线	粗	——————	b	螺栓、钢筋线、结构平面图中的单线、结构构件线、钢木支撑及系杆线、图名下横线和剖切线
	中	——————	$0.5b$	结构平面图及详图中剖到或可见的墙身轮廓线，基础轮廓线，钢、木结构轮廓线和钢筋线
	细	——————	$0.25b$	标注引出线、标高符号线、索引符号线和尺寸线

名 称		线型	线宽	一般用途
虚线	粗		b	不可见的钢筋线、螺栓线、结构平面图中不可见的单线结构构件线及钢、木支撑线
	中		$0.5b$	结构平面图中的不可见构件、墙身轮廓线及不可见钢、木结构构件线和不可见的钢筋线
	细		$0.25b$	基础平面图中管沟轮廓线、不可见的钢筋混凝土构件轮廓线
点划线	粗		b	柱间支撑、垂直支撑、设备基础轴线图中的中心线
	细		$0.25b$	定位轴线、对称线、中心线和重心线
双点划线	粗		b	预应力钢筋线
	细		$0.25b$	原有结构轮廓线
折断线	细		$0.25b$	断开界线
波浪线	细		$0.25b$	断开界线

10.1.3.2 比例

绘制结构图时，针对图样的用途和复杂程度选用合适比例，表10-2给出了结构施工图中的常用比例和可用比例。

表10-2 结构施工图中的常用比例和可用比例

图名	常用比例	可用比例
结构平面图、基础平面图	1:50，1:100，1:150	1:60，1:200
结构详图	1:10，1:20	1:5，1:25

结构施工图中构件的名称宜用代号表示，代号后面用阿拉伯数字标注构件的编号。国标规定常用构件的代号如表10-3所示。

表10-3　常用构件的代号

名称	代号	名称	代号	名称	代号
梁	L	框架	KJ	阳台	YT
框架梁	KL	钢架	GJ	雨篷	YP
屋面梁	WL	屋架	WJ	预埋件	M
吊车梁	DL	支架	ZJ	板	B
圈梁	QL	柱	Z	屋面板	WB
过梁	GL	框架柱	KZ	楼梯板	TB
连系梁	LL	剪力墙	Q	空心板	KB
基础梁	JL	楼梯梁	TL		

10.1.3.3　定位轴线

结构施工图中的轴线、轴网编号，以及轴线间的尺寸应与建筑施工图中保持一致。

10.1.3.4　尺寸标注

结构施工图中的尺寸标注应与建筑施工图中的尺寸相吻合，但结构施工图中所标注尺寸是结构的实际尺寸，不包括表面粉刷或建筑装饰面层的厚度。

10.1.3.5　结构标高

结构施工图中的标高为结构标高，与建筑施工图中建筑标高有所不同。通常做法中，楼层的结构标高往往比建筑标高低50mm。

思考与练习

1. 框架梁和框架柱的代号分别是什么?
2. 结构详图常用比例是多少?

建议课时：1课时

教学目标

　　知识目标：钢筋混凝土构件详图

　　能力目标：熟悉混凝土柱、梁、板结构详
图的主要内容和识读方法

　　思政目标：一丝不苟、不差毫厘

任务10.2

钢筋混凝土构件详图

10.2.1　钢筋混凝土的基本知识

钢筋混凝土
基本知识

　　混凝土是由水泥、石子、砂子和水按一定的配合比拌和并经过养护而成的人工复合材料，具有很高的抗压强度，但抗拉强度很差，容易在受拉或者受弯时开裂。

　　为了防止混凝土开裂，提高混凝土的抗拉能力，通常在混凝土受拉部位添加一定数量的钢筋。因为钢筋具有很强的抗拉性能，并且它与混凝土又具有良好的黏结力和相近的线胀系数，两者共同工作的性能良好，因此混凝土在添加钢筋后明显提高了其受拉性能，一般称这样的构件为钢筋混凝土构件。

　　钢筋混凝土构件的生产方式有两种：现浇和预制。现浇是指在建筑工地现场浇筑；预制是指在工厂先预制好，再运到工地现场进行吊装。此外，还有预应力混凝土构件，即在构件制作过程中，通过张拉钢筋对混凝土预加一定的压力，以提高构件的抗拉和抗裂能力，比如工业厂房的大跨度梁、大跨度结构梁等。

　　混凝土按其立方体抗压强度标准值的高低分为C15、C20、C25、C30、…、C80等14级，等级越高，表明其抗压强度越高。

10.2.1.1　钢筋的分类和作用

　　如图10-2所示，在钢筋混凝土构件中，钢筋按其受力和作用不同，可归纳总结为以下几种：

　　①受力筋：承受构件内的压力或者拉力，主要用于梁、板、柱等各种钢筋混凝土构件中。

　　②箍筋：主要用于固定受力筋的位置，并承受构件内产生的部分剪力和扭矩，常用于梁、柱内。

　　③架立筋：用于固定梁内箍筋的位置，构成梁内箍筋骨架。

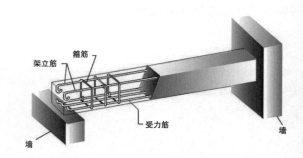

图10-2　钢筋混凝土构件配筋示意

　　④分布筋：设置于板内，与板的受力筋垂直布置，可将承受的重量均匀地传给受力筋，并固定

受力筋的位置，同时可有效防止混凝土因各种原因产生的开裂。

⑤构造筋：因构造要求或施工安装需要而设置的构造筋，如腰筋、预埋钢筋、吊环等。

10.2.1.2　钢筋代号

现行《混凝土结构设计规范》（GB 50010—2010）中，对钢筋的标注按其产品种类不同分别给予不同的符号，普通钢筋应采用HRB400级和HRB335级钢筋，也可采用HPB300级和RRB400级钢筋。普通钢筋的种类、符号和直径如表10-4所示。

表10-4　普通钢筋的种类、符号和直径

种类	符号	公称直径/mm	强度标准值/MPa
普通钢筋	HPB300　Φ	8～20	300
	HRB335　$\underline{\Phi}$	6～50	335
	HRB400　$\underline{\Phi}$	6～50	400
	RRB400　$\underline{\Phi}^{R}$	8～40	400

10.2.1.3　钢筋的保护层厚度

为了防止钢筋的锈蚀，保证钢筋与混凝土之间有足够的黏结强度，钢筋的外边缘与构件边缘的距离应具有足够厚度的混凝土，这层混凝土称为保护层，其厚度为保护层厚度。设计使用50年的混凝土结构，其保护层厚度应符合表10-5的规定。

表10-5　钢筋混凝土构件的保护层厚度　　　　　　　　　单位：mm

环境条件	构件类别	混凝土强度		
		≤C20	C25及C30	≥C35
室内正常环境	板、墙、壳	15		
	梁和柱	25		
露天或室内高温环境	板、墙、壳	35	25	15
	梁和柱	45	35	25

10.2.2　钢筋混凝土的图示方法

图示方法

钢筋混凝土结构图主要用以表达构件内部钢筋的配置情况，包括钢筋的种类、等级、数量、直径、形状、长度尺寸、间距等。钢筋混凝土结构图的图示特点是：假设混凝土是透明体，构件的外形轮廓用细实线绘制，钢筋用粗实线绘制，钢筋的横截面用小黑圆点表示。

10.2.2.1 钢筋的图例及画法

根据《建筑结构制图标准》（GB/T 50105—2010）的规定，普通钢筋的表示方法应符合表10-6的规定。

表10-6 普通钢筋的表示方法

序号	名称	图例	说明
1	钢筋横断面	•	
2	无弯钩的钢筋端部		下图表示长短钢筋投影重叠时，短钢筋的端部以45°斜线表示
3	带半圆形弯钩的钢筋端部		
4	带直钩的钢筋端部		
5	带丝扣的钢筋端部		
6	无弯钩的钢筋搭接		
7	带半圆弯钩的钢筋搭接		
8	带直钩的钢筋搭接		
9	花篮螺纹钢筋接头		
10	机械连接的钢筋接头		用文字说明机械连接的方式（如冷挤压或锥螺纹等）

10.2.2.2 钢筋的标注方法

钢筋的标注一般用引线引出标注，其标注形式有两种：一种是标注钢筋的根数、级别和直径，其标注如图10-3（a）所示；另一种是标注钢筋的级别和直径以及相邻钢筋的间距，其标注如图10-3（b）所示。

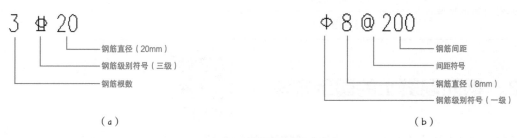

（a）　　　　　　　　　　　　（b）

图10-3　钢筋的标注方法

为了便于识别，构件内的钢筋一般会编号并引出标注。编号采用数字，并写在引线箭头端部，采用直径为6mm的细实线圆圈，如图10-4所示。

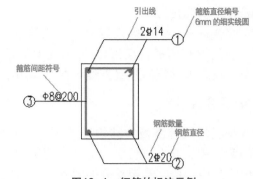

图10-4　钢筋的标注示例

10.2.3　钢筋混凝土构件详图

10.2.3.1　柱

钢筋混凝土柱是建筑结构中主要的承重构件，其结构详图一般包括立面图和断面图。立面图主要表达柱的高度尺寸、柱内钢筋配置及搭接情况，断面图则主要表达柱子截面尺寸、箍筋形式和受力筋的摆放位置及数量。断面图的剖切位置应选择在柱截面尺寸以及受力筋数量、位置变化的部位。

柱的立面图一般采用1:50的绘图比例绘制，断面图一般采用1:20的绘图比例绘制，如图10-5所示。

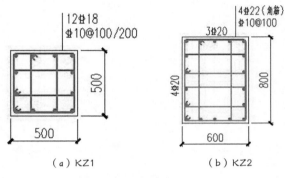

（a）KZ1　　　　　（b）KZ2

图10-5　柱子断面详图（1：20）

10.2.3.2　梁

钢筋混凝土梁的结构详图主要包括立面图和断面图。立面图主要表达梁的轮廓尺寸、钢筋位置、编号及配筋情况，断面图则主要表达梁的截面形状、尺寸、箍筋形式及钢筋的位置和数量。断面图剖切位置应选择梁截面尺寸及配筋有变化处。

以图10-6所示的钢筋混凝土梁的配筋图为例，来介绍钢筋混凝土梁结构详图的主要内容和识读方法，具体如下。

①由图10-6可知，该梁的两端搁置在柱子上。由1—1断面图下部的2个红圆点可知，该梁的下部配置有2根直径均为22mm的三级受力钢筋，上部配有2根直径均为16mm的通长纵筋，并附加2根16mm的附加钢筋。支座处2—2断面上部有2个红点，指的是2根直径均为16mm的通长纵筋。

②由于梁截面高度达到600，需要在梁的两侧腰部设置腰筋，图10-5中所示梁的每侧设置2

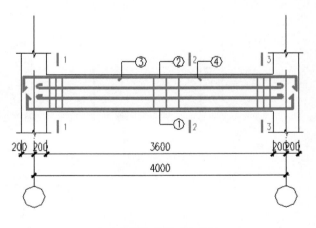

（a）某梁立面图（1：50）

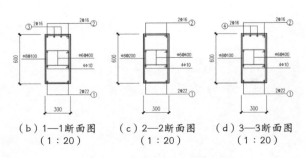

（b）1—1断面图　（c）2—2断面图　（d）3—3断面图
（1：20）　　　　（1：20）　　　　（1：20）

图10-6　钢筋混凝土梁配筋图

根10mm的一级钢筋。

③综合1—1和2—2断面图可知，梁的上部配置有两根直径为16 mm 的架立钢筋，其编号为②；梁的上部配置有两根直径为16mm的无弯钩钢筋，其编号为③；梁的中间部分配置有箍筋，箍筋在立面图上投影为平行的竖直直线，在断面图中投影为矩形方框，且相邻箍筋的间距为200mm。

10.2.3.3 板

钢筋混凝土现浇板的结构详图包括配筋平面图和断面图。板的配筋平面图主要表达钢筋的直径、间距、等级和布置位置，必要时需要绘制断面图。钢筋混凝土板的结构详图中，每种钢筋只需具体标注其中一根，其余部分的同种钢筋可只画出该钢筋并注写钢筋编号即可，如图10-7所示。

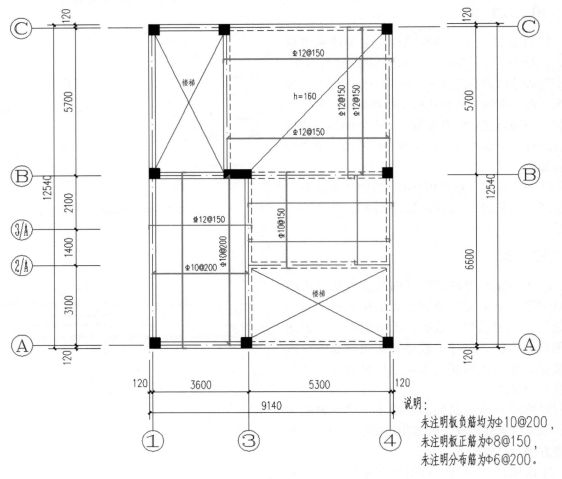

说明：
未注明板负筋均为Φ10@200，
未注明板正筋为Φ8@150，
未注明分布筋为Φ6@200。

图10-7 钢筋混凝土板结构详图

思考与练习

1. 钢筋混凝土构件中，钢筋按其受力和作用不同可分为几种钢筋？

2. 一级、二级、三级钢筋的符号分别是什么？

任务10.3
基础施工图

建议课时： 1课时

教学目标

　　知识目标：基础施工图的识读

　　能力目标：初步读懂基础平面图和基础详图

　　思政目标：厚积薄发、精益求精

　　基础指的是地基以上至房屋首层（±0.000m）以下的承重部分，它是建筑物与土层直接接触的部分，承受着建筑物所有的上部荷载，并将其传至地基，是建筑物的重要组成部分。

　　基础的形式和大小与上部结构系统、荷载大小及地基承载力有关，一般有条形基础、独立基础、桩基础、筏形基础、箱形基础等形式，如图10-8所示。

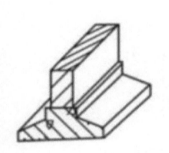

（a）条形基础

（b）独立基础

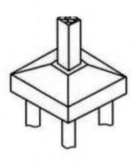

（c）桩基础

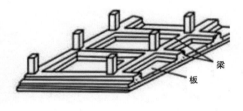

（d）筏形基础

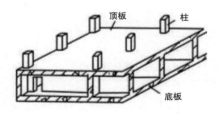

（e）箱形基础

图10-8　常见的基础类型

　　基础施工图是表达基础结构布置及详细构造的图样，包括基础结构平面图和基础详图。

10.3.1 基础结构平面图

基础结构
平面图

10.3.1.1 基础结构平面图的画法与表示内容

基础结构平面图主要表达基础梁、垫层、留洞及柱、梁等构件布置的平面关系，如图10-9所示某物业管理用房基础结构平面图。基础结构平面图一般只需画出基础梁的厚度，以及柱和基础底面的轮廓线。其中，被剖切到的墙和柱的轮廓线用粗实线表示，基础底轮廓线用细实线表示。基础图中绘制的比例、轴线编号及轴线间的尺寸必须与建筑平面图一致。

基础结构平面图的主要表示内容如下。

①图名、比例、轴线及其编号。

②基础的平面布置。

③基础梁、柱等构件的布置和编号。

④基础编号，基础断面图的剖切位置线及其编号。

⑤轴线尺寸、基础大小尺寸和定位尺寸。

⑥施工说明，即所用材料的强度等级、防潮层做法、设计依据以及施工注意事项等。

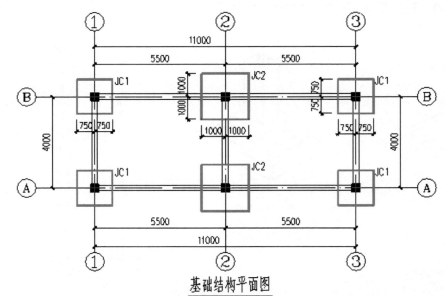

基础结构平面图

基础说明：

1. 独立基础的基底标高为 -1.000m，持力层为粉质粘土层。地基承载力 f_{ak} 为 120kPa。
   当场地土低于设计标高时，应先挖除表面土，再用级配良好的级配土(砾石、碎石土、砂土等)回填至设计标高。
   每层 300mm 分层进行铺填，层层夯实，压实系数不小于 0.97。
   压实级配土的承载力特征值，应根据平板静载试验确定。
2. 在上部结构施工前，需要填土将基础回填至室外地面标高，
   每层 300mm 分层进行铺填，层层夯实，压实系数不小于 0.97。
3. 基础采用 C25 混凝土，基础垫层：100mm 厚片石灌砂夯实，100mm 厚 C15 素混凝土找平层。
4. 未标注的基础梁均为 DL1。
5. 基槽开挖后，应进行基槽检验、合格后方可进行下步施工。

图10-9 某物业管理用房基础结构平面图

10.3.1.2 基础结构平面图的识读

识读基础结构平面图，需要弄清楚基础的类型、基础墙体宽度、基础底宽、基础与定位轴线的位置，以及剖切符号的位置等问题。

下面以图10-9中基础结构平面图为例，来介绍基础结构平面图的识读方法和步骤。

①基础类型。由图10-9可知，该基础为独立基础。该基础平面图中共有2种不同的独立基础，分别是编号JC1和JC2。

②基础梁。基础梁采用编号为DL1，尺寸为300mm×700mm。

③基础尺寸。被剖切到的基础的轮廓线用粗实线表示，由图10-9可知，JC1断面尺寸为1500mm×1500mm，JC2断面尺寸为2000mm×2000mm。

④轴线位置。轴线位置是基础施工放线的依据。由图10-9可知，此建筑物的轴线都是位于基础梁的中心线上。

10.3.2　基础详图

10.3.2.1 基础详图的概念

基础平面图只表示了基础的平面位置，而基础的形状、构造、材料、断面形式等均没有很清楚地呈现出来。因此，为了满足施工需要，应绘制基础详图。

基础详图指的是在基础某一处用铅垂剖切平面将其剖开后所得到的断面图，基础断面图一般用较大的比例绘制，如1:20、1:25、1:30等。基础详图能详细地表示出基础的断面形状、大小、材料、构造、埋深及标高等，如图10-10所示。

10.3.2.2 基础详图的表示方法

一般的，根据上部荷载和地基承载力的不同，基础也会有所不同。对于每种不同的基础，都要详细地画出它们的断面图，并在基础平面图上用1—1、2—2、3—3等剖切位置线表明剖切平面的位置。

基础详图是按正投影法绘制的，基础的轮廓线用中实线表示，钢筋符号用粗实线绘制。如图10-10所示，基础断面图中除钢筋混凝土材料外，其他材料宜用材料图例符号表示。

10.3.2.3 基础详图的识读

通过识读基础详图，需要了解基础类型、基

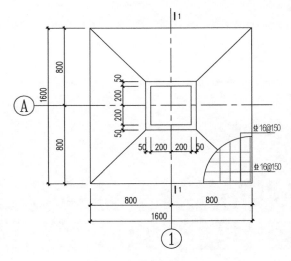

（a）JC1断面图（1：30）

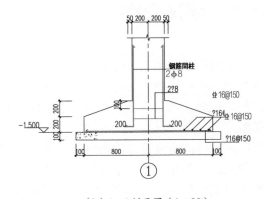

（b）1—1剖面图（1：20）

图10-10　钢筋混凝土独立基础详图

础标高、墙体厚度、钢筋尺寸及配置等内容。以图10-10为例，讲解钢筋混凝土独立基础详图的识读方法。

由图10-10中的轮廓线可知，该独立基础包括基础垫层、基础两部分。

由图10-10中尺寸标注可知，该基础底面标高为-1.500m，基础尺寸为2000mm×2000mm。基础顶面到基础底面标高为-1.100～-1.500m，锥形基础厚度为400mm。

由图10-10中的钢筋分布情况可知，基础底板配有一层双向的受力钢筋，配筋情况为双向各
⎱16@150钢筋。基础下有100mm厚的C15素混凝土垫层。

思考与练习

1. 基础详图能够表达什么？
2. 常见的基础类型有哪几种？

任务10.4

钢筋混凝土结构施工图平面整体表示方法

建议课时：2课时

教学目标

知识目标：平法的列表注写方式和截面注写方式

能力目标：能看懂柱、梁平法施工图中相关标注的含义

思政目标：同心协力、追求卓越

10.4.1 平法介绍

为了规范各地的图示表达方法，我国建设部于2003年批准《混凝土结构施工图平面整体表示方法制图规则和构造详图》（03G101-1）作为国家建筑标准设计图集，简称"平法"图集。目前G101图集已经经过两次修订，现行版本为16G101-1，其内容包括两大部分，即平面整体表示图和标准构造详图。

"平法"与传统表示方法的区别在于：平法是把结构构件的尺寸和配筋等，按照平面整体表示方法的制图规则，整体直接地表示在各类构件的结构布置平面图上，再与标准构造详图配合，就构成了一套新型完整的结构设计表示方法，从而改变了传统的那种将构件（柱、剪力墙、梁）从结构平面布置图中索引出来，再逐个绘制模板详图和配筋详图的烦琐方法。

平法主要用于绘制现浇钢筋混凝土结构的梁、板、柱、剪力墙等构件。本书介绍柱和梁的平法施工图，其他构件的平法施工图，读者可查看16G101-1图集。

10.4.2   柱平法施工图

柱平法施工图是在柱平面布置图上采用列表注写方式或截面注写方式绘制柱的配筋图，它可以将柱的配筋情况直观地表达出来。

10.4.2.1   列表注写方式

列表注写方式是在柱平面布置图上分别在同一编号的柱中选择一个截面标注几何参数代号，然后在柱表中注写柱号、柱段起止标高、几何尺寸与配筋的具体数值，并配以各种柱截面形状及其箍筋类型的一种柱平面施工图，如图10-11所示。

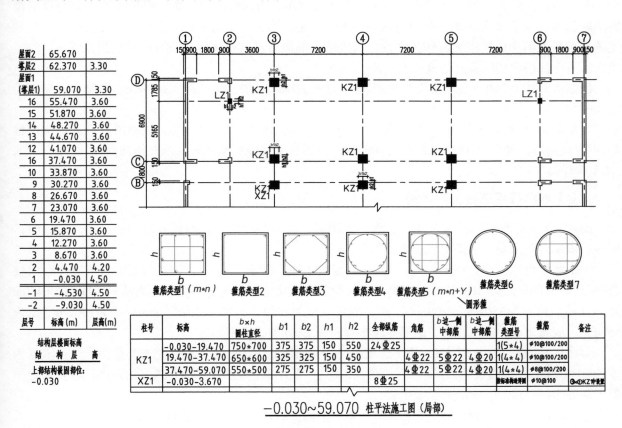

图10-11   柱平法施工图范例（列表注写方式）

（1）列表注写方式的制图规则

①柱编号。柱编号由柱的类型代号和序号组成，常见的类型代号中，"KZ"表示框架柱、"KZZ"表示框支柱、"XZ"表示芯柱、"LZ"表示梁上柱、"QZ"表示剪力墙上柱。

②各段柱的起止标高。自柱根部往上以变截面位置或截面未变但配筋改变处为界，分段注写各段柱的起止标高。框架柱和框支柱的根部标高是指基础顶面标高，芯柱的根部标高是指根据结构实际需要而定的起始位置标高，梁上柱的根部标高是指梁顶面标高，剪力墙上柱的根部标高为墙顶面标高。

③矩形柱和圆形柱的标注。对于矩形柱，应注写截面尺寸$b \times h$及轴线关系的几何参数代号b_1、b_2和h_1、h_2的具体数值，需对应于各段柱分别注写。其中，$b=b_1+b_2$，$h=h_1+h_2$。当截面的某一边收缩变化至与轴线重合或偏到轴线的另一侧时，b_1、b_2、h_1、h_2中的某项为零或为负值。

对于圆柱，柱表中"$b \times h$"栏应注写出柱的直径尺寸，并在尺寸数字前加注"d"。为了表达简单，圆柱截面与轴线的关系也应用b_1、b_2和h_1、h_2标出，并使$d=b_1+b_2=h_1+h_2$。

④柱纵筋。当柱纵筋直径相同，各边根数也相同时，将纵筋注写在"全部纵筋"一栏中。否则，应在表中分别填写柱纵筋的角筋、截面b边一侧中部筋和h边一侧中部筋。

⑤箍筋类型号和箍筋肢数。箍筋类型号和箍筋肢数应在"箍筋类型号"栏内注写。具体工程所设计的各种箍筋类型图，以及箍筋复合的具体方式，需画在表的上部或图中的合适位置，并在其上标注与表中相对应的b、h和箍筋类型号。

⑥注写柱箍筋。柱箍筋包括钢筋级别、直径与间距。当为抗震设计时，用斜线"/"区分柱端箍筋加密区与柱身非加密区长度范围内箍筋的不同间距。施工人员需根据标准构造详图的规定，在规定的几种长度值中取其最大者作为加密区长度。当框架节点核心区内箍筋与柱端箍筋设置不同时，应在括号中注明核心区箍筋的直径及间距。

例如$\phi 8@100/200$，表示箍筋为I级钢筋，直径为8mm，加密区间距为100mm，非加密区间距为200mm。

当箍筋沿柱全高为一种间距时，则不使用"/"线。例如，$\phi 10@100$，表示沿柱全高范围内箍筋均为I级钢筋，直径为10mm，间距为100mm。当圆柱采用螺旋箍筋时，需在箍筋前加注"L"，如L$\phi 10@100$。

（2）识读柱平法施工图示例

图10-11所示的施工图由三部分组成，即图形、柱表和结构层楼面标高结构层高表。识读时，应将图表结合起来看。该图的识读方法如下。

①由图形可以看出，该图中共有3类柱，即框架柱（KZ）、芯柱（XZ）和梁上柱（LZ）。由柱表中可知，柱编号为KZ1的柱子，根据其配筋和截面变化情况分为3部分，标高从$-0.030 \sim 19.470$m处，柱截面尺寸为750mm×700mm。箍筋配筋类型为一级。b_1和b_2均为375mm，h_1为150mm，h_2为550mm，箍筋为$\phi 10@100/200$，纵筋为24根直径为25mm的三级钢筋。

②在标高为$19.470 \sim 37.470$m处，柱截面尺寸为650mm×600mm，箍筋配筋类型为一级，箍筋为$\phi 10@100/200$，4根直径为22mm的三级角筋，b边一侧中部筋为5根直径为22mm的三级钢筋，h边一侧中部筋为4根直径为20mm的三级钢筋。

③由该柱表中可以看出标高为$37.470 \sim 59.770$m处KZ1柱和XZ1柱的配筋情况。

10.4.2.2 截面注写方式

截面注写方式省去了柱表，在分标准层绘制的柱平面布置图上，分别在同一编号的柱中选择一个截面，以直接注写截面尺寸和配筋具体数值的方式表达柱的构造情况。

截面注写方式的具体表达方法是：除芯柱外的所有柱截面，从相同编号的柱中选择一个截面，按另一种比例原位放大绘制柱截面配筋图，并在各配筋图上继其编号后再注写截面尺寸$b \times h$、角筋和全部纵筋、箍筋的具体数值，以及在柱截面配筋图上标注柱截面与轴线关系b_1、b_2、h_1、h_2的具体数值，如图10-12所示。

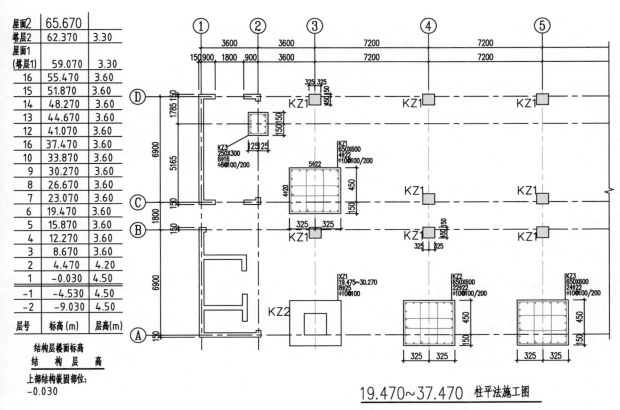

屋面2	65.670	
塔层2	62.370	3.30
屋面1(塔层1)	59.070	3.30
16	55.470	3.60
15	51.870	3.60
14	48.270	3.60
13	44.670	3.60
12	41.070	3.60
16	37.470	3.60
10	33.870	3.60
9	30.270	3.60
8	26.670	3.60
7	23.070	3.60
6	19.470	3.60
5	15.870	3.60
4	12.270	3.60
3	8.670	3.60
2	4.470	4.20
1	-0.030	4.50
-1	-4.530	4.50
-2	-9.030	4.50
层号	标高(m)	层高(m)

结构层楼面标高
结 构 层 高

上部结构嵌固部位:
-0.030

19.470~37.470 柱平法施工图

图10-12 柱平法施工图范例(截面注写方式)

10.4.3 梁平法施工图

梁平法施工图是将梁按一定规律编写代号,并将各种代号梁的配筋直径、数量、位置和代号一起写在梁平面布置图上,不必再单独绘制梁的配筋剖面图。梁平法施工图的表达方法主要有平面注写方式和截面注写方式两种。

10.4.3.1 平面注写方式

平面注写方式是在梁平面布置图上,分别在不同编号的梁中各选根梁,在其上注写截面尺寸和配筋具体数值的方式。当某跨断面尺寸或箍筋与基本值不同时,则将其特殊值从所在跨中引出另注。

平面注写包括集中标注和原位标注,集中标注表达梁的通用数值。原位标注表达梁的特殊数值,当集中标注中某项数值不适用于梁的某部位时,则将该数值原位标注。施工时,原位标注取值优先,如图10-13(a)所示。

图10-13(b)所示的4个梁截面是采用传统表示方法绘制的,用于对比按平面注写方式表达的梁的配筋情况。实际采用平面注写方式表达时,不需绘制图10-13(b)所示梁的截面配筋图和图10-13(a)中的截面号。

梁集中标注的内容为5项必注值和1项选注值。其中,梁编号、梁截面尺寸、梁箍筋、梁上部通长筋或架立筋、梁侧面纵向构造筋或受扭筋为必注值,梁顶面标高高差为选注值,其具体内容如下。

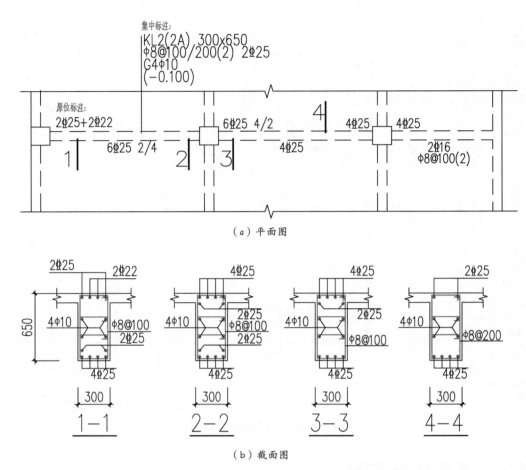

图10-13 梁平面注写范例

（1）梁编号

梁编号由梁类型代号、序号、跨数及有无悬挑代号几项组成，如图10-13 （a）中的KL2（2A），表示第2号框架梁，2跨，一端有悬挑。 梁类型、代号及编号方法如表10-7所示。

表10-7 梁类型、代号及编号方法

梁类型	代号	序号	跨数及是否带有悬挑
楼层框架梁	KL	××	(××), (××A)或(××B)
屋面框架梁	WKL	××	(××), (××A)或(××B)
框支梁	KZL	××	(××), (××A)或(××B)
非框架梁	L	××	(××), (××A)或(××B)
悬挑梁	XL	××	—
井字梁	JZL	××	(××), (××A)或(××B)

注：(××A)为一端有悬挑，(××B)为两端有悬挑，悬挑不计入跨度。

（2）梁截面尺寸

当梁的截面为等截面时，用$b \times h$表示；当截面为加腋梁时，用$b \times h \ GYc_1 \times c_2$表示，如图10-14所示。当为悬挑梁且根部和端部的高度不相同时，用$b \times h_1/h_2$表示，如图10-15所示。

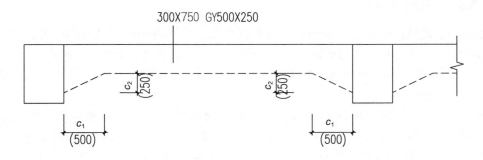

图10-14　加腋梁截面尺寸注写范例

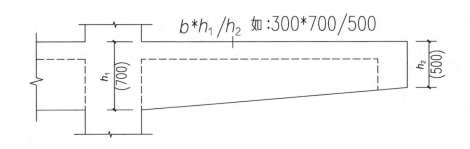

图10-15　悬挑梁不等高截面尺寸注写范例

（3）梁箍筋

梁箍筋包括箍筋级别、直径、加密区与非加密区间距及支数。箍筋加密区与非加密区的不同间距及支数需用"/"分隔，箍筋支数应写在括号内，如图10-13中的φ8@100/200（2），表示箍筋为I级钢筋，直径为8mm，加密间距为100mm，非加密间距为200mm，均为2肢箍。

（4）梁上部通长筋或架立筋

当同排纵筋中既有通长筋又有架立筋时，应用"+"将通长筋和架立筋相连。注写时须将脚部纵筋写在加号的前面，架立筋写在加号后面的括号内，以表示不同直径及与通长筋的区别，当全部采用架立筋时，则将其写入括号内。如2Φ22+（4φ12）表示梁中有2Φ22的通长筋、4φ12的架立筋。当梁的上部和下部纵筋均为全跨相同，且多数跨配筋相同时，可用"；"将上部与下部的配筋值分隔开，如"3Φ22；3Φ20"表示梁上部配置3Φ22的通长筋，下部配置3Φ20的通长筋。

（5）梁侧面纵向构造筋或受扭筋

当梁腹板高度h_w≥450mm时，需配置纵向构造钢筋，以大写字母G打头；当梁侧面需配置受扭纵向钢筋时，用大写字母N打头。如图10-13（a）中的G4φ10表示梁的两个侧面共配置4φ10的纵向构造钢筋，每侧各配置2φ10。

（6）梁顶面标高高差

梁顶面标高高差是指梁顶面标高相对于结构层楼面标高的高差值，此项为选注值，如图10-13（a）中的-0.100。

10.4.3.2 截面注写方式

截面注写方式是在标准层绘制的梁平面布置图上，分别在不同编号的梁中各选择一根梁，用剖面号引出钢筋图，并在其上注写截面尺寸和配筋具体数值的方式，如图10-16所示。

由图10-16可知，截面配筋图上注写截面尺寸$b \times h$、上部筋、下部筋、侧面构造筋和受扭筋，以及箍筋的具体数值。

如图10-16所示，梁L3的配筋用截面表示在平面图的左边，1—1截面表示梁的下部配双排筋（下排为4Φ22，上排为2Φ22），在梁的上部配4Φ16钢筋；2—2截面与1—1截面上部相比较，上部少了2根纵筋。3—3截面为L4的配筋情况，只在梁的下部配了3Φ18钢筋，上部配了2Φ14的纵筋，整个梁的箍筋配置相同，均为ϕ8@200。

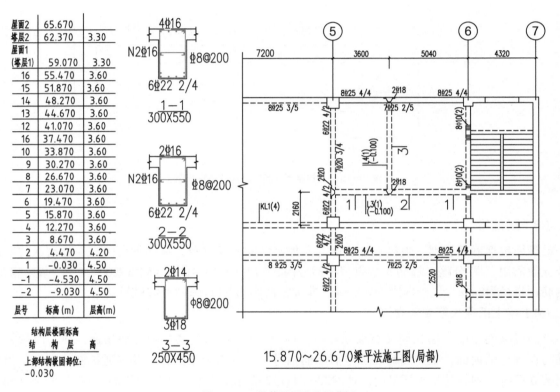

图10-16　梁截面平法注写范例

思考与练习

1. 平法的注写方式有哪些?

2. 箍筋为ϕ10@100/150，表示箍筋为几级钢筋? 加密区间距为多少? 非加密区间距为多少?

项目 11　天正建筑

任务11.1

标准层平面图

建议课时：4课时

教学目标

知识目标：工作界面、常用系统选项设置

能力目标：图层文件基本操作

思政目标：数字建造、科技强国

天正建筑是北京天正工程软件有限公司在AutoCAD平台上开发的专门用于建筑图绘制的参数化软件，凭借很高的自动化程度大大节省了用户绘制建筑工程图纸所花费的时间，并且贴近我国建筑设计人员的操作习惯、制图规范与建筑图绘制实际，在国内使用相当广泛。在实际操作工程中，可根据用户输入的参数尺寸，自动生成轴网、柱子、墙体、门窗、楼梯、阳台等，包含三维模型信息，且可以由平面图生成立面图、剖面图和三维图形。

本章将结合典型住宅案例，介绍天正建筑T20 V4.0常用的绘制建筑平面图的方法步骤。

使用天正建筑T20 V4.0绘制建筑平面图的步骤大致为：绘制轴网、绘制墙体、插入柱子、插入门窗、室内外设施、标注文字、标注尺寸与标高、插入图框等。

11.1.1 绘制轴网

绘制轴网

在绘制建筑平面图时，一般首先绘制建筑的轴网，它是由水平和竖向轴线组成的。轴网分为直线轴网和曲线轴网，它将建筑平面划分为若干个开间和进深。

（1）建立直线轴网

用户在菜单中选择"轴网柱子"→"绘制轴网"，或者使用命令行HZZW即可打开"绘制轴网"的对话框，在其中单击"直线轴网"，如图11-1所示。

控件说明如下。

上开：在轴网上方进行轴网标注的房间开间尺寸。

图11-1 "绘制轴网"对话框

下开：在轴网下方进行轴网标注的房间开间尺寸。

左进：在轴网左侧进行轴网标注的房间进深尺寸。

右进：在轴网右侧进行轴网标注的房间进深尺寸。

间距：开间或进深的尺寸数据，单击右侧输入轴网数据，也可以直接输入。

个数：相应轴间距数据的重复次数，单击右侧输入轴网数据，也可以直接输入。

轴网夹角：输入开间与进深轴网之间的夹角数据，其中90°为正交轴网，其他为斜角轴网。

本案例中的轴网尺寸数值（单位为mm）如下。

下开间：（从左到右）3900、3600、4600、4600、3600、3900

上开间：（从左到右）900、1800、1200、2100、2100、2700、2600、2700、2100、2100、1200、1800、900

左进深：（从下到上）1200、3900、1200、1200、3600、1200

首先，输入下开间值。单击"下开"按钮，在"间距"中依次输入轴网数据，在"个数"中输入需要重复的次数，如图11-2所示。

然后，输入上开间值。单击"上开"按钮，在"间距"中依次输入轴网数据，在"个数"中输入需要重复的次数，如图11-3所示。

接着输入进深值，单击"左进"按钮，从下到上输入左进深值。由于该建筑左、右进深相同，因此只需输入左进深值，如图11-4所示。

输入完毕确认无误后，在绘图区域单击鼠标，选择插入点后，绘制的轴网将显示在屏幕上，如图11-5所示。用天正建筑绘制的轴网默认在"DOTE"图层内。

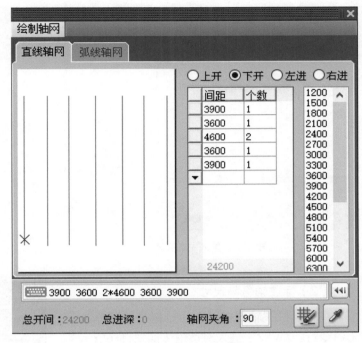

图11-2　输入下开间值

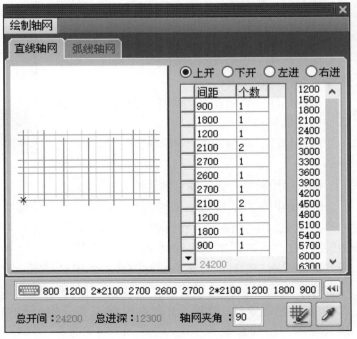

图11-3　输入上开间值

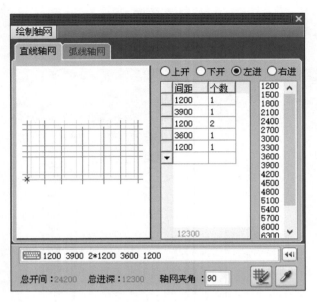

图11-4　输入左进深值

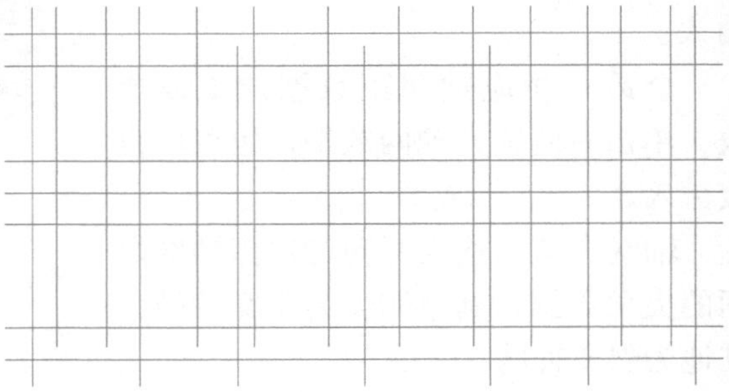

图11-5　绘制完成的轴网

（2）标注轴号与尺寸

在菜单栏"轴网柱子"中选择"轴网标注"（命令行：ZWBZ）进入对话框（如图11-6所示）可以进行轴号和尺寸的标注，自动删除重叠的轴线。默认的"起始轴号"水平方向为1，垂直方向为A，也可以在编辑框中自行拟订其他轴号。

控件说明如下。

双侧标注：表示在两侧的开间（进深）均标注轴号和尺寸。

单侧标注：表示在当前选择一侧的开间（进深）标注轴号和尺寸。

对侧标注：在轴网的一侧有尺寸，另一侧只有轴号。

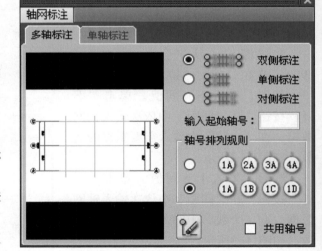

图11-6　"轴网标注"对话框

输入起始轴号：起始轴号默认值为1或者A。

删除轴网标注：在已有的轴网标注中删除多余的标注尺寸。

在本案例中，在标注竖向轴网时可选择"双侧标注"，在"输入起始轴号"文本框中设置起始轴号为1，点击起始轴线和终止轴线，并选择不需要标注的轴线，即可完成标注。利用同样的方法，可完成横向轴网的标注。标注完成后如图11-7所示。

如果需要对轴网进行编辑，可以用"添加轴线""轴线裁剪""轴改线型"等命令。利用"添加轴线"（命令行：TJZX）命令可参考某一根已存在的轴线，在其任意一侧添加一根新的轴线；使用"轴线裁剪"（命令行：ZXCJ）命令，指定矩形的两个角点选中要裁剪的区域可对轴线进行裁剪；利用"轴改线型"（命令行：ZGXX）命令，可以将轴线图层线型改为点划线。

此外，还会经常用到"填补轴号""删除轴号"对轴号进行编辑。

对图11-7的轴网及轴号标注根据需要进行修改后可得到如图11-8所示结果。

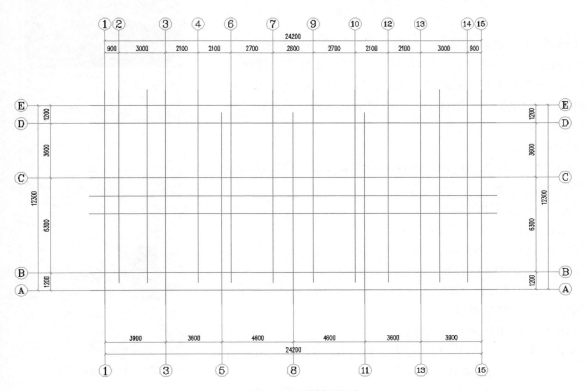

图11-7　完成轴网标注

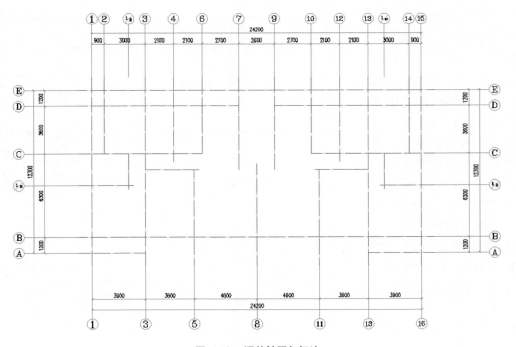

图11-8　调整轴网与标注

11.1.2 绘制墙体

绘制墙体常用的命令是"绘制墙体"（命令行：HZQT）和"单线变墙"（命令行"DXBQ"），用天正建筑绘制的墙体会自动处理墙体交接处的接头形式。这里以"绘制墙体"命令为例，单击菜单中"墙体"→"绘制墙体"命令，打开"墙体"面板，如图11-9所示。

控件说明如下。

墙宽组：对应有相应材料的常用的墙宽数据，可以对其中数据进行增加和删除。

墙高：表明墙体的高度。

底高：表明墙体底部高度。

材料：表明墙体的材质，单击下拉菜单选定。

用途：表明墙体的性质，单击下拉菜单选定。

绘制直墙：绘制直线墙体。

绘制弧墙：绘制带弧度的墙体。

回形墙：利用矩形绘制墙体。

替换图中已插入的墙：以当前参数的墙体替换图上已有的墙体，可以单个替换或者框选成批替换。

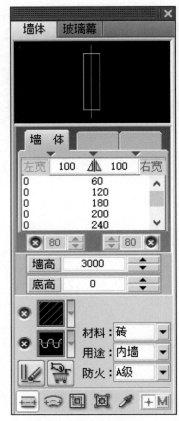

图11-9　"墙体"面板

本案例中，将墙体宽度设置为"240"，墙高设置为"3000"，沿轴线绘制外墙，将墙体宽度设置为"120"，墙高设置为"3000"，沿轴线绘制内墙。部分剪力墙（如电梯处），则将材料改为"钢筋砼"，并打开墙体填充选择相应的填充图案即可。由于本案例中住宅标准层平面图是左右对称的一梯两户户型，所以可以只画一户的墙体（如图11-10所示），待将其门窗、阳台、室内家具洁具等都布置完毕后，再利用AutoCAD的镜像命令完成对称另一户的建筑平面图即可。

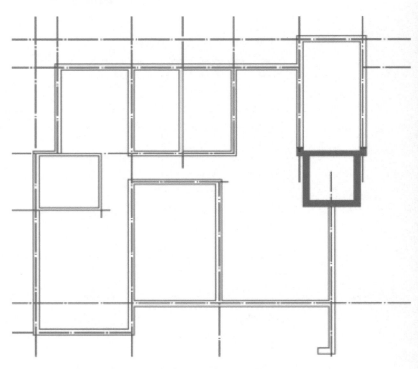

图11-10　墙体绘制完成

11.1.3　插入柱子

绘制柱子

天正建筑中，柱子分为"标准柱""角柱""构造柱"三类，由于本案例为住宅，因此柱子主要为异形柱，主要用"角柱"命令进行绘制。下面对天正建筑中的三类柱子进行简要的讲解。

（1）标准柱

点击菜单栏中"轴网柱子"→"标准柱"（命令行：BZZ）出现对话框如图11-11所示。

控件说明如下。

形状：设定柱子的截面，有矩形、圆形、正多边形。

柱偏心：设置插入光标的位置，可以直接输入偏移尺寸，也可以拖动红色指针改变偏移尺寸数，或者单击左、右两侧的小三角改变偏移尺寸数。

柱子尺寸：可通过直接输入数据或下拉菜单获得。

柱高：用于设置柱子的高度。

柱填充开关及柱填充图案：当开关开启时，柱填充图案可用，可选择柱子的填充图案。

材料：可以选择柱子的材料。

转角：可设置柱子的旋转角度。

图库：天正提供的标准构件库。

设置好柱子的参数以后，在选定的位置插入柱子即可。

（2）角柱

点击菜单栏"轴网柱子"→"角柱"（命令行：JZ），选取墙角后，显示"转角柱参数"对话框，如图11-12所示。

控件说明如下。

材料：可以选择柱子的材料。

取点X<、长度X、宽度X：按钮文字的颜色对应墙上的分肢，可分别确定该分肢的长度和宽度。

设定好转角柱参数后，即可完成该墙角转角柱的绘制。完成后如图11-13所示。

图11-11　"标准柱"对话框

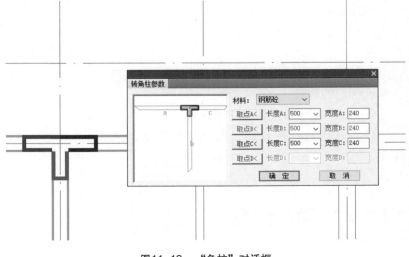

图11-12　"角柱"对话框

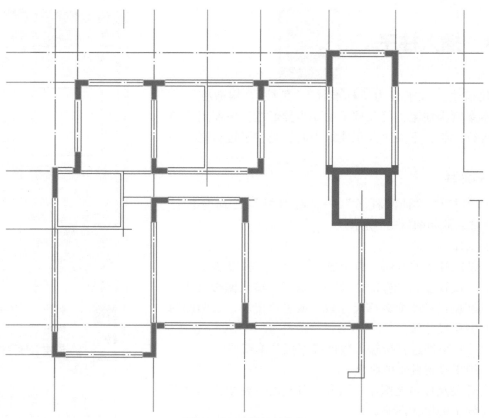

图11-13　角柱绘制完成

（3）构造柱

点击菜单栏"轴网柱子"→"构造柱"（命令行：GZZ），点击需要插入构造柱的墙角，显示"构造柱参数"对话框，如图11-14所示。

控件说明如下。

A-C尺寸：沿着A-C方向的构造柱尺寸。

B-D尺寸：沿着B-D方向的构造柱尺寸。

A/C与B/D：对其边的四个互锁按钮，选择柱子靠近哪边的墙线。

M：对中按钮，按钮默认为灰色。

设置好构造柱参数后，在选定的位置插入即可。

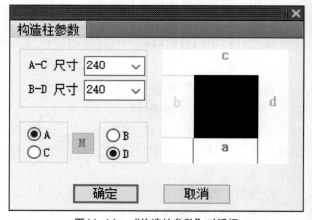

图11-14　"构造柱参数"对话框

11.1.4　插入门窗

在墙上插入普通门，包括平开门、推拉门等类型。在菜单栏中选择"门窗"→"门窗"（命令行：MC），打开如图11-15所示的"门"对话框。

图11-15　"门"对话框

对话框的中部为参数输入区，其左侧为平面样式设定框，右侧为三维样式设定框，对话框下部为插入方式图标和转换功能图标。

控件说明如下。

自由插入：可在墙段的任意位置插入，速度快，但不易准确定位，通常用在方案设计阶段。以墙中线为分界，内、外移动光标，可控制内外开启方向，按Shift 键控制左、右开启方向，单击墙体后，门窗的位置和开启方向就完全确定了。

沿墙顺序插入：以距离点取位置较近的墙边端点或基线端点为起点，按给定距离插入选定的门窗。此后顺着前进方向连续插入，在插入过程中，可以改变门窗类型和参数。在弧墙顺序插入时，门窗按照墙基线弧长进行定位。

轴线等分插入：将一个或多个门窗等分插入两根轴线间的墙段等分线中间，如果墙段内没有轴线，则该侧按墙段基线等分插入。

墙段等分插入：与轴线等分插入相似，本命令在一个墙段上按墙体较短的一侧边线，插入若干个门窗，按墙段等分使各门窗之间墙垛的长度相等。

垛宽定距插入：以最近的墙边线顶点作为基准点，指定垛宽距离插入门窗。

轴线定距插入：以最近的轴线交点作为基准点，指定距离插入门窗。

按角度定位插入：在弧墙上按指定的角度插入门窗。

满墙插入：充满整个墙段插入门窗。

插入上层门窗：在同一个墙体已有的门窗上方再加一个宽度相同、高度不同的窗。

在已有洞口插入多个门窗：在同一个墙体已有的门窗洞口内再插入其他样式的门窗，常用于防火门、密闭门和户门、车库门。

门窗替换：用于批量修改门窗，包括门窗类型之间的转换。用对话框内的当前参数作为目标参数，替换图中已经插入的门窗。

参数提取：用于查询图中已有门窗对象，并将其尺寸参数提取到门窗对话框中，方便在原有门窗尺寸基础上加以修改。

在"编号"栏目中为所设置门选择编号，在"门高"中定义门高度，在"门宽"中定义门宽度，在"门槛高"中定义门的下缘到所在墙底标高的距离，在"二维视图"中单击进入"天正图库管理系统"，选择合适的二维形式，如图11-16所示。在绘图区域中单击，指定门的插入位置。

如插入窗户、门连窗、子母门、弧窗、凸窗、洞口，则在菜单栏中选择"门窗"→"门窗"（命令行：MC），并分别在下方工具栏中选择"插窗" ⊞ 、"插门连窗" ⊯ 、"插子母门" ⋔ 、"插弧窗" ⌒ 、"插凸窗" ⊡ 、"插洞" ▢ ，并设置好相关参数，在绘图区域中点击，指定插入位置，这里不做赘述。

完成插入门窗后，如图11-17所示。

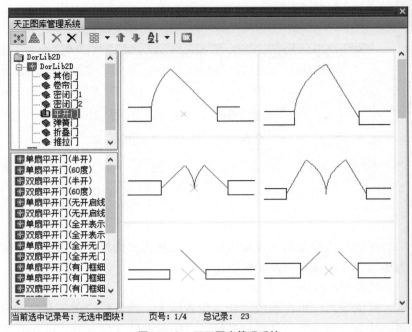

图11-16　天正图库管理系统

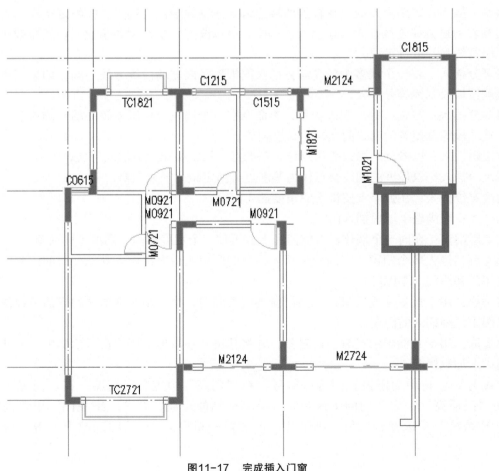

图11-17　完成插入门窗

11.1.5 室内外设施

（1）绘制阳台

天正建筑采用"阳台"命令可以直接绘制阳台，或者把预先绘制好的PLINE线转成阳台。

单击菜单栏"楼梯其他"→"阳台"（命令行：YT），打开"绘制阳台"对话框，如图11-18所示。

对话框底部提供了凹阳台、矩形阳台、阴角阳台、偏移生成、任意绘制以及选择已有路径绘制六种阳台的绘制方式。以"任意绘制"为例，选择工具栏中"任意绘制"，根据设计设定好阳台的各个参数后，根据命令行提示，选择好阳台的起点并选取线段的下一点，直至按回车键结束绘制，然后选择与阳台连接的墙、柱、门窗，点取接墙的边或默认，即可生成阳台，如图11-19所示。

图11-18　"绘制阳台"对话框

（2）布置卫生洁具和家具

天正建筑自带的图库非常丰富，在图库中选择好洁具、家具、配景以后可将其以图块

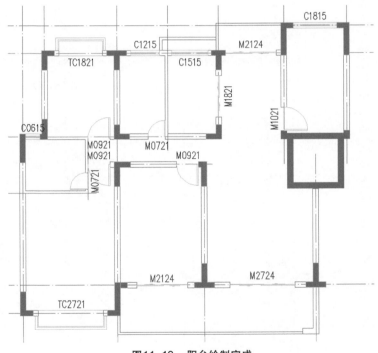

图11-19　阳台绘制完成

的形式插入到平面图中。点击菜单栏"图库图案"→"通用图库"（命令行：TYTK），打开"天正图库管理系统"，如图11-20所示。用户可在对话框左上角窗口的树形目录中选择图块类别，在左下方则显示当前类别下的图块名称及规格，在右边预览区则显示当前类别下的图块图形，双击所需要的图块，单击绘图区域进行插入。插入后可对其方向、位置、大小、转角等进行调整。

洁具也可通过"房间屋顶"→"房间布置"→"布置洁具"来完成布置。可一次连续插入多个相同的洁具，还可以布置隔断和隔板，适用于公共卫生间的布置。

布置完毕后，如图11-21所示。

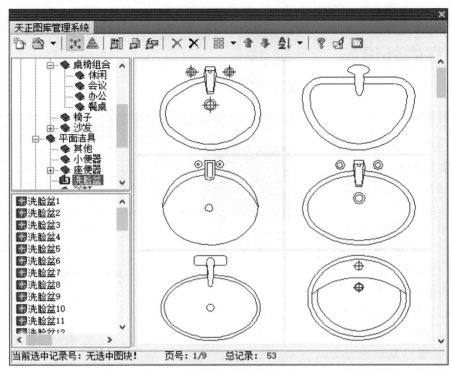

图11-20 天正图库管理系统

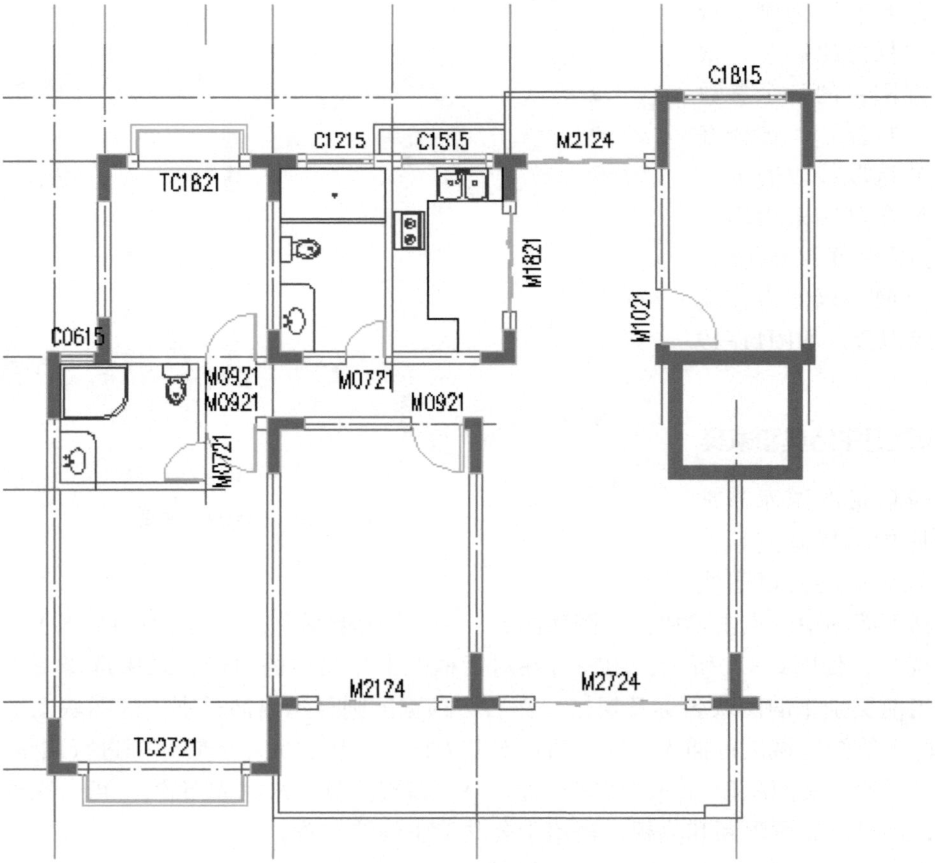

图11-21 家具布置完毕

（3）镜像复制

完成一户的平面布置后，用AutoCAD的Mirror命令镜像复制对称的另一户，如图11-22所示。

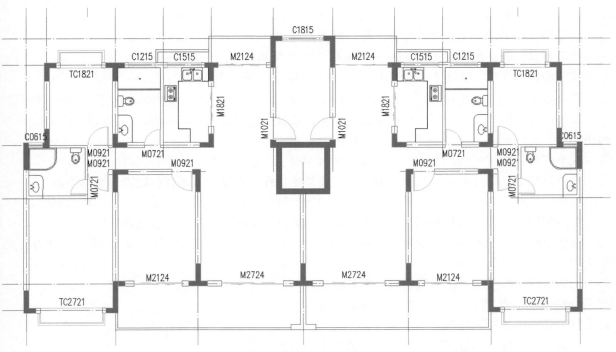

图11-22　镜像复制

（4）绘制楼电梯

①绘制楼梯。本案例中含有一部双跑楼梯，双跑楼梯是最常见的楼梯形式，由两跑直线梯段、一个休息平台、一个或两个扶手以及一组或两组栏杆构成的自定义对象，具有二维视图和三维视图。

单击菜单栏"楼梯其他"→"双跑楼梯"（命令行：SPLT），打开"双跑楼梯"对话框，如图11-23所示。

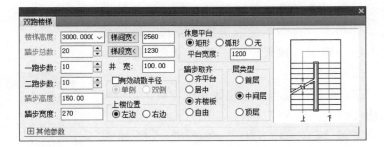

图11-23　"双跑楼梯"对话框

控件说明如下。

梯间宽<：双跑楼梯的总宽。单击按钮可从平面图中直接量取楼梯间净宽作为双跑楼梯总宽。

梯段宽<：默认宽度或由总宽计算，余下二等分作梯段宽初值，单击按钮可从平面图中直接量取。

楼梯高度：双跑楼梯的总高，默认自动取当前层高的值，对相邻楼层高度不等时应按实际情况调整。

井宽：设置井宽参数，井宽＝梯间宽－2×梯段宽，最小井宽可以等于0，这三个数值互相关联。

有效疏散半径：设置是否绘制和单、双侧绘制有效疏散半径。

踏步取齐：除了两跑步数不等时，可直接在"齐平台""居中""齐楼板"中选择两梯段相对位置，也可以通过拖动夹点任意调整两梯段之间的位置，此时踏步取齐为"自由"。

层类型：在平面图中按楼层分为三种绘制类型绘制：首层、中间层和顶层。

扶手高宽：默认值分别为900高，60×100的扶手断面尺寸。

扶手距边：在1∶100图上一般取0，在1∶50详图上应标以实际值。

转角扶手伸出：设置在休息平台扶手转角处的伸出长度，默认60，为0或者负值时扶手不伸出。

层间扶手伸出：设置在楼层间扶手起末端和转角处的伸出长度，默认60，为0或者负值时扶手不伸出。

扶手连接：默认勾选此项，扶手过休息平台和楼层时连接，否则扶手在该处断开。

有外侧扶手：在外侧添加扶手，但不会生成外侧栏杆，在绘制室外楼梯时需要选择添加。

有外侧栏杆：外侧绘制扶手也可选择是否勾选绘制外侧栏杆，边界为墙时，常不用绘制栏杆。

有内侧栏杆：默认创建内侧扶手，勾选此复选框自动生成默认的矩形截面竖栏杆。

标注上楼方向：默认勾选此项，在楼梯对象中，按当前坐标系方向创建标注上楼、下楼方向的箭头和"上""下"文字。

剖切步数（高度）：作为楼梯时按步数设置剖切线中心所在位置，作为坡道时，按相对标高设置剖切线中心所在位置。

作为坡道：勾选此复选框，楼梯段按坡道生成，对话框中会显示出如下"单坡长度"的编辑框输入长度。

单坡长度：勾选作为坡道后，显示此编辑框，在这里输入其中一个坡道梯段的长度，但精确值依然受踏步数×踏步宽度的制约。

注意:勾选"作为坡道"前，要求楼梯的两跑步数相等，否则不能准确定义坡长；坡道防滑条的间距用步数来设置，要在勾选"作为坡道"前设好。

在对话框中设置好各参数和选项后，点取楼梯插入位置。插入完成后，如图11-24所示。

② 绘制电梯。点击菜单栏"楼梯其他"→"电梯"（命令行：DT），打开"电梯参数"对话框（如图11-25所示），对不需要按类别选取预设设计参数的电梯，可以按井道决定适当的轿厢与平衡块尺寸，勾选对话框中的"按井道决定轿厢尺寸"复选框，"门宽"采用默认的常用数值1100，也可以由用户设置。若取消勾选"按井道决定轿厢尺寸"，"门宽"等参数恢

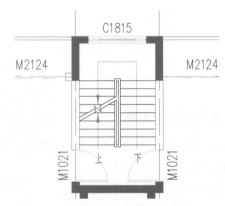

图11-24　完成插入楼梯

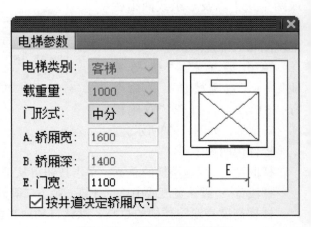

图11-25　"电梯参数"对话框

复由电梯类别决定。完成参数设置后，在绘图区域选择电梯间的两个角点、开电梯门的墙线、平衡块的所在一侧、其他开电梯门的墙线，即可完成绘制，如图11-26所示。

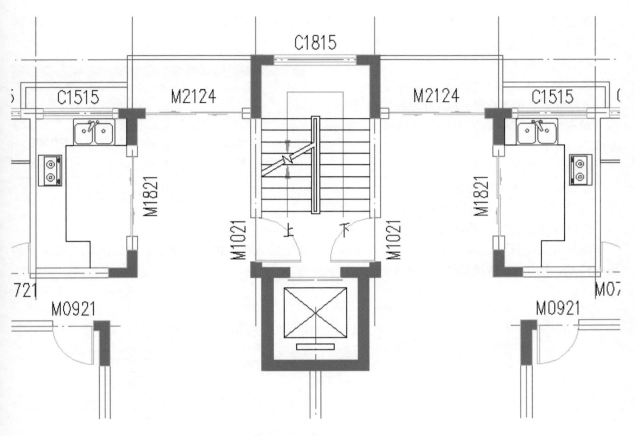

图11-26　完成插入电梯

文字标注

11.1.6　标注文字

（1）设置文字样式

单击菜单栏"文字表格"→"文字样式"（命令行：WZYS），打开"文字样式"对话框，如图11-27所示。

控件说明如下。

样式名：单击下拉菜单选择样式名。

新建：新建文字样式，单击后首先命名新文字样式，然后选定相应的字体和参数。

重命名：给文字样式重命名。

图11-27　"文字样式"对话框

中文参数、西文参数：在下侧中文参数和西文参数中选择合适的字体类型，同时可以通过预览功能显示。

（2）标注单行文字

单击菜单栏"文字表格"→"单行文字"（命令行：DHWZ），打开"单行文字"对话框，如图11-28所示。

控件说明如下。

文字输入区：输入需要的文字内容。

文字样式：单击右侧下拉菜单选择文字样式。

对齐方式：单击右侧下拉菜单选择文字对齐方式。

图11-28 "单行文字"对话框

转角＜：输入文字的转角。

字高＜：输入文字的高度。

背景屏蔽：选择后文字屏蔽背景。

连续标注：选择后单行文字可以连续标注。

选择好文字样式、对齐方式，并输入字高，在文字输入框内输入文字，在绘图区域点击文字的插入位置。标注完成后如图11-29所示。

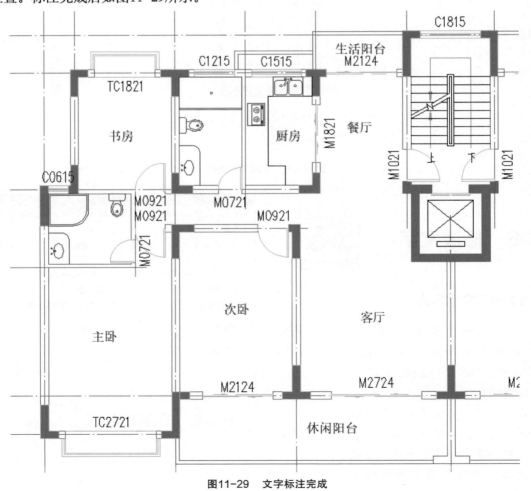

图11-29 文字标注完成

11.1.7　标注尺寸与标高

（1）门窗尺寸标注

单击菜单栏"尺寸标注"→"门窗标注"（命令行：MCBZ），根据命令行提示，"起点"在第一道尺寸线的外边点取一点，"终点"在门窗所在的墙线里面点取第二点，即可标注出第三道尺寸，命令行提示"请选择其他墙体"，可以选择与所选取的墙体平行的其他相邻墙体，即可沿同一条尺寸线继续对所选择的墙体及门窗进行标注。标注完毕后如图11-30所示。

（2）墙厚标注

单击菜单栏"尺寸标注"→"墙厚标注"（命令行：QHBZ），可以对两点连线穿越的墙体进行墙厚标注，在墙体内侧有轴线存在时，标注以轴线划分为左、右墙宽；当墙体内没有轴线存在时，可标注墙体的总宽。标注完毕后如图11-30所示。

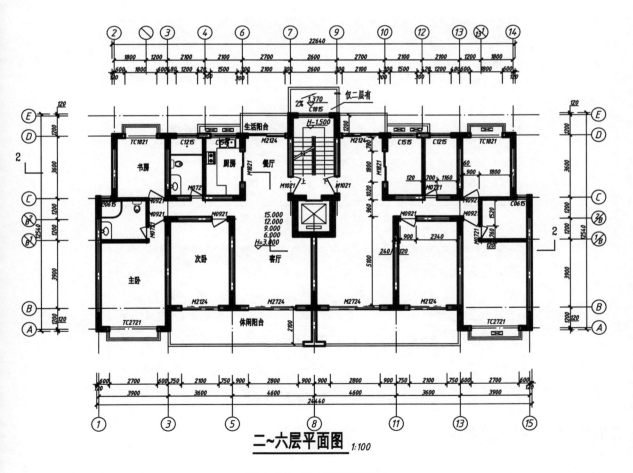

图11-30　尺寸标高标注完成

（3）逐点标注

"逐点标注"是最常用的尺寸标注命令，可以为用户点取的若干个点沿指定方向标注尺寸。单击菜单栏"尺寸标注"→"逐点标注"（命令行：ZDBZ），根据命令行提示，依次沿一个指定的直线方向点取标注点标注连续尺寸。通过这种标注方式用户可以更加自主地选择标注对象。

（4）标高标注

单击菜单栏"符号标注"→"标高标注"（命令行：BGBZ），打开"标高标注"对话框，如图11-31所示。在对话框中选择选项并输入标高数字后，在绘图区域点取标注点和标高方向即可。标注完毕后，如图11-30所示。

（5）图名标注

采用"图名标注"命令，为基本绘制完毕的标准层平面图标注该图图名与比例。点击菜单栏"符号标注"→"图名标注"，显示对话框如图11-32所示，填写好图名与比例，选择好文字样式与字高后，在绘图区域的合适位置插入图名即可，如图11-30所示。

图名标注

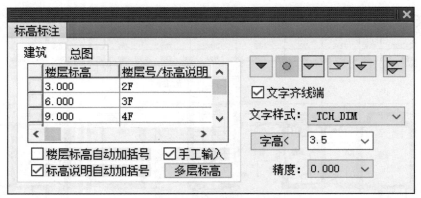

图11-31　"标高标注"对话框

图11-32　"图名标注"对话框

11.1.8　插入图框

单击菜单栏"文件布图"→"插入图框"，可以插入图框、标题栏。为图面的清晰美观与协调，对图面进行调整后，标准层平面绘制完毕，命名文件后进行保存。

任务11.2

底层平面图

建议课时：1课时

教学目标

知识目标：常用系统选项设置

能力目标：图层文件基本目标

思政目标：数字建造、科技强国

底层平面图
绘制

底层平面图与标准层平面差别不大，因此可在标准层平面的基础上修改。打开任务11.1中绘制的标准层平面图，另存为底层平面图。

①改图名。双击标准层平面图图名，直接将其修改为"底层平面图"。

②改楼梯。双击楼梯，在弹出的"双跑楼梯"对话框中将"中间"楼梯改为"首层"楼梯，其他参数保持不变。

③替换楼梯间门窗。本案例中，标准层平面图楼梯间的窗户到首层应改为门，单击菜单栏"门窗"→"门窗"，选择好用于替换的门，并设置好参数后，在下方工具栏中选择"替换图中已插入的门窗"，并单击选择被替换的窗户，即可完成替换。

④修改室内地面和楼梯间地面标高。双击标高符号，对数据进行修改。

⑤绘制散水。单击菜单栏"楼梯其他"→"散水"（命令行：SS），弹出"散水"对话框，如图11-33所示。设置好散水的各个参数后，框选建筑物的所有墙体、柱子、门窗、阳台后，右击即可生成散水。

⑥根据需要，补充修改其他内容和符号等。

修改完毕后的底层平面图如图11-34所示。

散水		
散水宽度：600	室内外高差：900	☑绕柱子
偏移距离：0	☑创建室内外高差平台	☑绕阳台
		☑绕墙体造型

图11-33　"散水"对话框

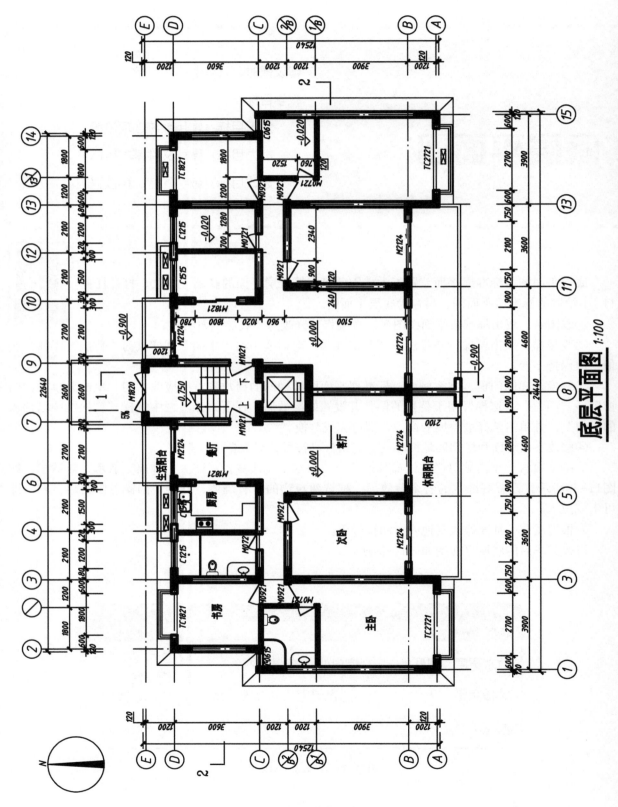

图11-34　底层平面图

任务11.3

屋顶平面图

建议课时：1课时

教学目标

知识目标：常用系统选项设置

能力目标：图层文件基本操作

思政目标：数字建造、科技强国

屋顶平面图
绘制

打开标准层平面图，将其另存为屋顶平面图。

①改图名。双击标准层平面图图名，直接将其修改为"屋顶平面图"。

②改楼梯。双击楼梯，在弹出的"双跑楼梯"对话框中将"中间"楼梯改为"顶层"楼梯，其他参数保持不变。

③保留外墙、楼梯间、阳台、轴线与轴线尺寸，删除其余的内容及尺寸。

④将外墙改为女儿墙，并将墙体高度与厚度设定为女儿墙尺寸。

⑤绘制电梯机房及相关楼梯，并标注屋面、楼梯间、电梯机房各个平台的标高。标注屋面排水方向和坡度。

⑥在此基础上，修改出楼梯间、电梯间屋顶平面图。绘制完成后，如图11-35所示。

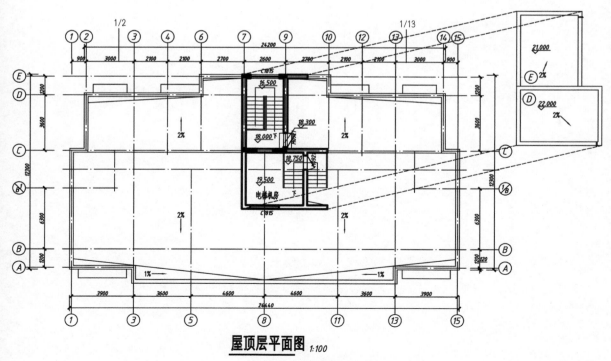

屋顶层平面图 *1:100*

图11-35　屋顶平面图

项目 12　制图基本知识

- 任务12.1　基本制图规范
- 任务12.2　标准图框

基本制图规范

建议课时： 1课时

教学目标

　　知识目标：可按制图基本规则制图

　　能力目标：熟悉制图的相关内容

　　思政目标：规范意识、制度自信

　　建筑制图与识图都会符合共同的标准，以便于工程的技术交流和顺利进行。现行的房屋建筑制图标准是由住房和城乡建设部颁布的《房屋建筑制图统一标准》（GB/T 50001—2010）。本部分将对标准中的图幅、字体、图线、比例、尺寸标注等基本制图规定给予介绍。

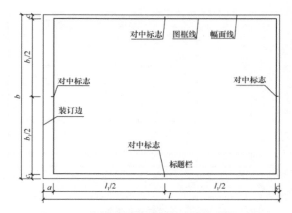

图12-1　《房屋建筑制图统一标准》横幅图框

12.1.1　图幅

　　图幅即图纸幅面的简称。图纸幅面是指图纸宽度b与长度l组成的图面，如图12-1所示。在建筑设计中，我们经常把工程图绘制在一定大小的幅面上，并遵循相应的格式，以便于对工程图纸进行相应的使用和保管。

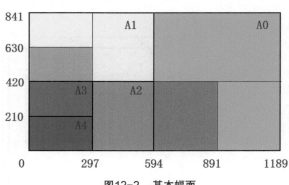

图12-2　基本幅面

12.1.1.1　幅面尺寸

　　幅面用A—表示，基本幅面尺寸应符合图12-2及表12-1中的规定。

表12-1　幅面及图框尺寸

幅面代号 尺寸代号	A0	A1	A2	A3	A4
$b \times l$	841×1189	594×841	420×594	297×420	210×297
c	10			5	
a	25				

注：b为幅面短边尺寸，l为长边尺寸，c为图框线与幅面线间宽度，a为图框线与装订边宽度。

各号幅面的尺寸关系是：将上一号幅面的长边对裁，即为次一号幅面的大小。

如需要加长幅面（A0~A3幅面长边尺寸可加，短边尺寸不能加长），可参照《房屋建筑制图统一标准》(GB/T 50001—2010)中表3.1.3相关规定。

12.1.1.2 图纸形式与图框格式

图纸中应绘制幅面线、图框线、标题栏、对中标志、装订边。

幅面线是按照幅面尺寸，用细实线绘制的线框，表达了图纸的大小。

图框线是按照图框尺寸，用粗实线绘制的线框，表达了绘图区域的大小。

图纸形式有横式和立式之分。以短边作为垂直边应为横式，一般常用A0~A3图纸，以短边作为水平边应为立式，常用A4图纸，如图12-3、图12-4所示。

在一个工程设计中，除采用A4幅面的目录及表格外，每个专业宜使用不超过两种图纸幅面。

对中标志画在图纸各边上的中点处，线宽应为0.35mm，伸入框内应为5mm。

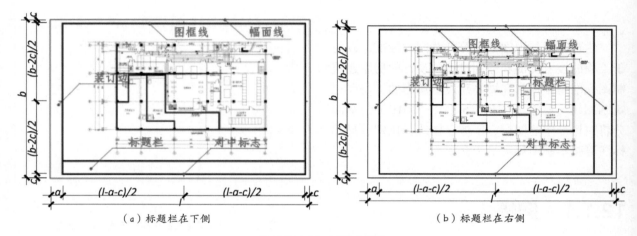

（a）标题栏在下侧　　　　　　　　　　　　　（b）标题栏在右侧

图12-3　A0~A3横式幅面

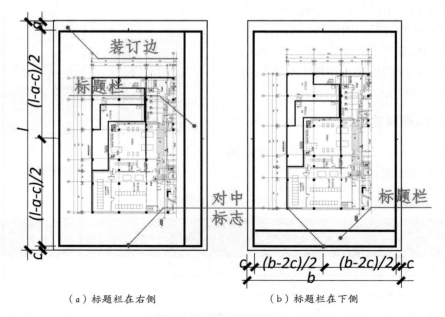

（a）标题栏在右侧　　　　　　　　　　　　　（b）标题栏在下侧

图12-4　A0~A4立式幅面

12.1.1.3　图纸编排顺序

图纸一般是按照专业来排列的，一套完整图纸的编排顺序是目录、总图、建筑图、结构图、给水排水图、暖通空调图、电气图。而各专业的图纸编排顺序一般是按照图纸内容的主次关系、逻辑关系进行的。

12.1.2　字体

图纸上所需书写的文字、数字或符号等，均应笔画清晰、字体端正、间隔均匀、排列整齐；标点符号应清楚正确。

图纸中字体的高度一般按表12-2选用。当使用字高大于10mm的文字时，宜采用True type字体，当使用更大字体时，字体高度应按$\sqrt{2}$的倍数递增。

表12-2　文字高度　　　　　　　　　　　　　　　　　　　　　　　　　　mm

字体种类	中文矢量字体	Truetype字体及非中文矢量字体
字高	3.5、5、7、10、14、20	3、4、6、8、10、14、20

字体的号数即字体的高度（用h表示，单位为mm），常用字号有3.5、5、7、10、14、20共六种。

汉字宜写成长仿宋体字，长仿宋体的高宽应符合表12-3，比值约为1：0.7。此外，汉字也可写成黑体字，黑体字的宽高比为1：1。

表12-3　长仿宋字高度与宽度关系　　　　　　　　　　　　　　　　　　mm

字高	20	14	10	7	5	3.5
字宽	14	10	7	5	3.5	2.5

拉丁字母、阿拉伯数字与罗马数字宜采用单线简体或Roman字体，字高不应小于2.5mm，且应当符合表12-4所示的书写规则。

表12-4　拉丁字母、阿拉伯数字与罗马数字书写规则

书写格式	字体	窄字体
大写字母高度	h	h
小写字母高度(上下均无延伸)	$7/10h$	$10/14h$
小写字母伸出的头部或尾部	$3/10h$	$4/14h$
笔画宽度	$1/10h$	$1/14h$
字母间距	$2/10h$	$2/14h$
上下行基准线的最小间距	$15/10h$	$21/14h$
词间距	$6/10h$	$6/14h$

在图纸表达中需要注意的是，如果有分数、百分数和比例数的注写，应采用阿拉伯数字和数学符号。例：三分之二、百分之五十、一比三十，应写成2/3、50%、1：30。

当表达带有计量单位的数值时，如35m，其中数值应采用正体阿拉伯数字，单位符号应采用正体字母，而非斜体。

12.1.3　比例

图样的比例是指图上图形尺寸与实际尺寸之比，用阿拉伯数字表示。

比例的注写方式如图12-5所示，比例应标注在图名的右侧，字的基准线应取平，字号宜比图名的字号小一号或者二号。

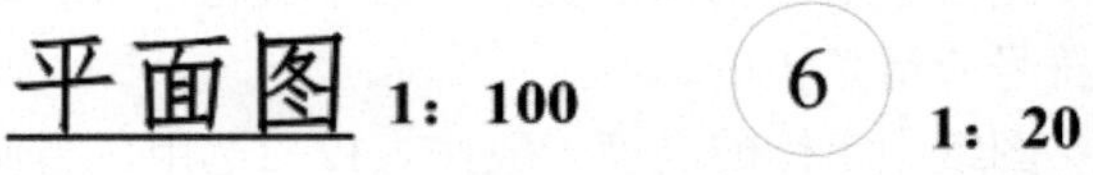

平面图 1：100　　⑥ 1：20

图12-5　比例的注写方式

根据图样的用途与被绘对象的复杂程度来选用绘图所需的比例，并优先用表12-5中常用比例。

表12-5　绘图比例

常用比例	1:1、1:2、1:5、1:10、1:20、1:30、1:50、1:100、1:150、1:200、1:500、1:1000、1:2000
可用比例	1:3、1:4、1:6、1:15、1:25、1:40、1:60、1:80、1:250、1:300、1:400、1:600、1:5000、1:10000、1:20000、1:50000、1:100000、1:200000

绘图比例的运用：因比例=$\frac{图上距离}{实际距离}$，则图上距离=实际距离×比例。如果绘制实际2000mm的墙，则在1：50的图纸上应绘制$\frac{2000}{50}$mm的长度，在1：100的图纸上应绘制$\frac{2000}{100}$mm的长度。

12.1.4　符号

12.1.4.1　剖切符号

剖切符号分为剖视剖切符号与断面剖切符号，其规则要求满足表12-6。

表12-6　剖切符号规则与要求

剖切符号	画法要求	备注
剖视 剖切符号	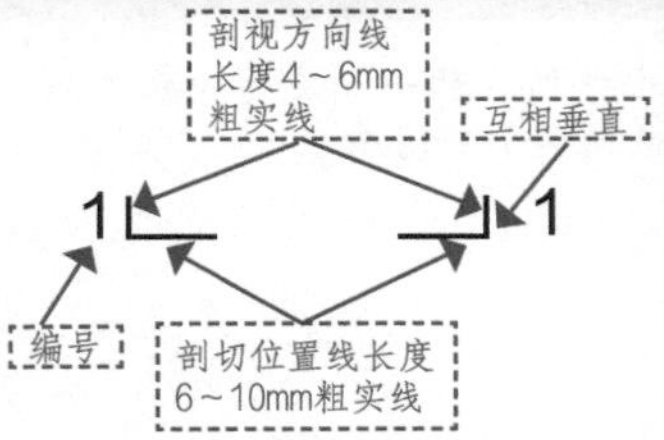 剖视方向线 长度4～6mm 粗实线　互相垂直 1　1 编号　剖切位置线长度 6～10mm粗实线	①剖视剖切符号不应与其他图线接触 ②剖视剖切符号的编号宜采用阿拉伯数字，按顺序由左至右、由下至上连续编排，并应注写在剖视方向线的端部 ③需要转折的剖切位置线，应在转角的外侧加注与该符号相同的编号 ④建(构)筑物剖面图的剖切符号宜注在±0.00标高的平面图上
断面 剖切符号	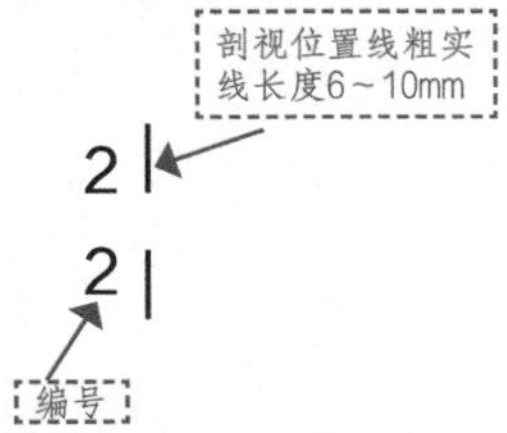 剖视位置线粗实 线长度6～10mm 2 2 编号	①断面剖切符号的编号宜采用阿拉伯数字，按顺序连续编排，并应注写在剖切位置线的一侧 ②编号所在的一侧应为该断面的剖视方向 ③剖面图或断面图，如与被剖切图样不在同一张图内，可在剖切位置线的另一侧注明其所在图纸的编号，也可以在图上集中说明

12.1.4.2 索引符号与详图符号

表12-7为索引符号与详图符号。

表12-7　索引符号与详图符号

名称	画法要求	备注
索引符号	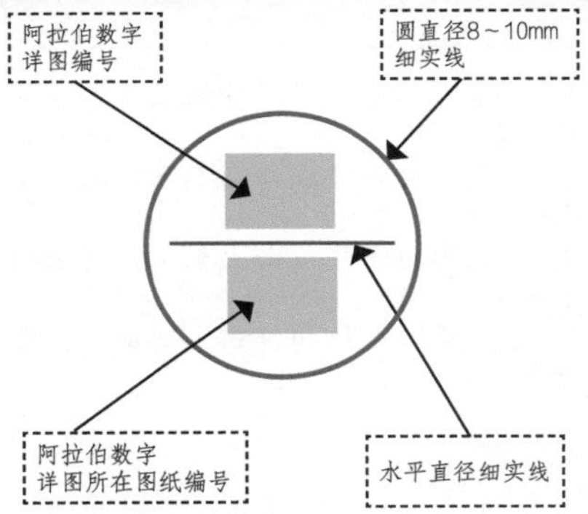 阿拉伯数字 详图编号　圆直径8～10mm 细实线 阿拉伯数字 详图所在图纸编号　水平直径细实线	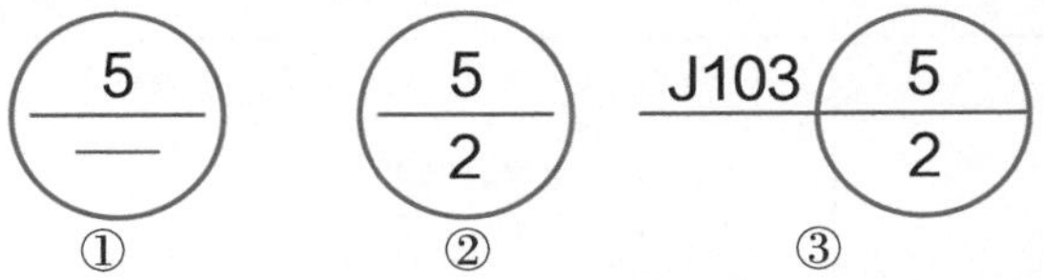 5①　5/2②　J103 5/2③ （1）索引出的详图，与被索引的详图同在一张图纸内，例①:详图5在本张图纸内 （2）索引出的详图，与被索引的详图不在同一张图纸内，例②:详图5在图纸2内 （3）索引出的详图，如采用标准图，应在索引符号水平直径的延长线上加注该标准图册的编号。例③:详图5在图集J103的2号图内
详图编号	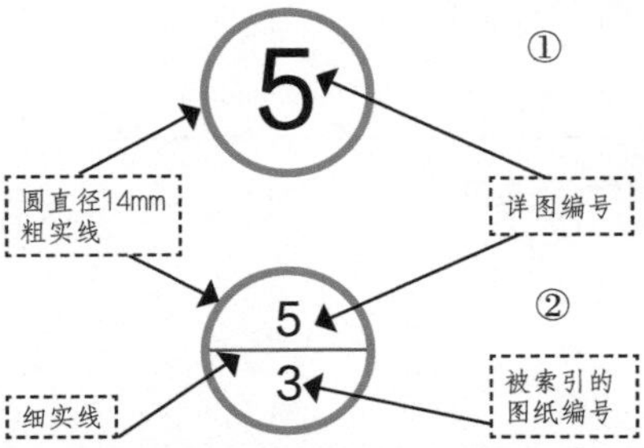 5① 圆直径14mm 粗实线　详图编号 5/3② 细实线　被索引的图纸编号	（1）详图与被索引的图样同在一张图纸内时，应在详图符号内用阿拉伯数字注明详图的编号，例①:详图5索引之处在本张图之内 （2）详图符号与被索引的图样不在同一张图纸内，例②:详图5索引之处在第3张图纸内
共用引出线	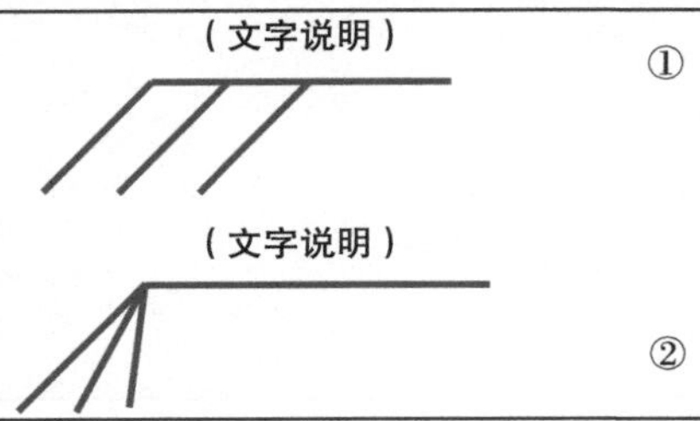 （文字说明）① （文字说明）②	同时引出几个相同部分的引出线，宜互相平行（图①），也可画成集中于一点的放射线（图②）

名称	画法要求	备注
用于索引剖面详图的索引符号	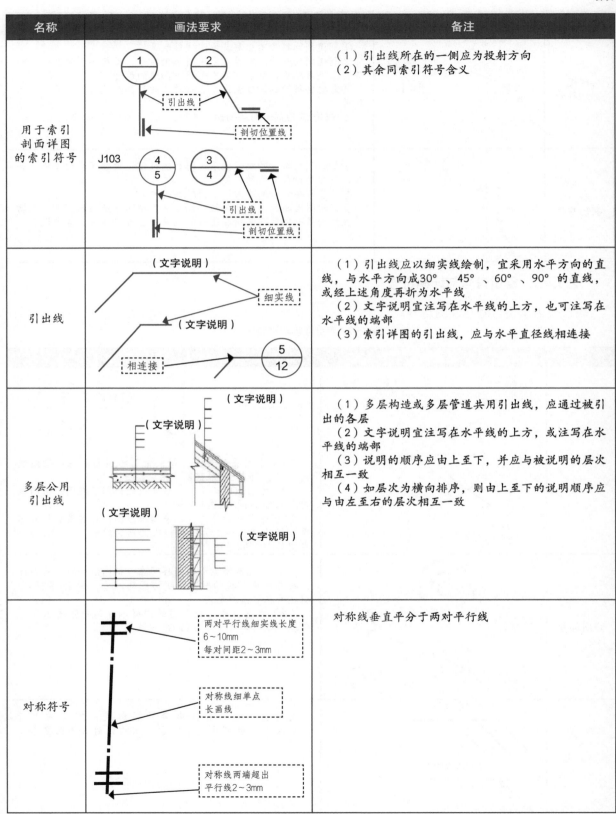	（1）引出线所在的一侧应为投射方向 （2）其余同索引符号含义
引出线		（1）引出线应以细实线绘制，宜采用水平方向的直线，与水平方向成30°、45°、60°、90°的直线，或经上述角度再折为水平线 （2）文字说明宜注写在水平线的上方，也可注写在水平线的端部 （3）索引详图的引出线，应与水平直径线相连接
多层公用引出线		（1）多层构造或多层管道共用引出线，应通过被引出的各层 （2）文字说明宜注写在水平线的上方，或注写在水平线的端部 （3）说明的顺序应由上至下，并应与被说明的层次相互一致 （4）如层次为横向排序，则由上至下的说明顺序应与由左至右的层次相互一致
对称符号		对称线垂直平分于两对平行线

名称	画法要求	备注
指北针	北← 指针头部注"北"或"N" 圆直径24mm细实线 指针尾部宽度3mm	需用较大直径绘制指北针时，指针尾部宽度宜为直径的1/8
连接符号	折断线 A　A A　A 连接编号大写拉丁字母	（1）连接符号应以折断线表示需连接的部位 （2）两部位相距过远时，折断线两端靠图样一侧应标注大写拉丁字母表示连接编号 （3）两个被连接的图样必须用相同的字母编号
变更云线	云线	（1）图纸中局部变更部分宜采用云线 （2）右下角1为变更次数
风向频率玫瑰图（风玫瑰图）	虚线范围表示夏季风向频率 北 粗实线范围表示全年风向频率	（1）风玫瑰图，用来表示该地区常年的风向频率与房屋的朝向，一般是以当地多年平均统计的各个方向吹风次数的百分数为依据，根据一定比例绘制的风向频率玫瑰图一般也是根据上北下南方向绘制的，画出16个方向的长短线来表示该地区的常年风向频率 （2）虚线表示夏季风向频率，细实线表示冬季风向频率，粗实线表示全年风向频率

任务12.2

标准图框

建议课时：1课时

教学目标

知识目标：各类图框的规范要求

能力目标：熟悉图框绘制的相关规范要求

思政目标：勤学好问、诚实严谨

A0、A1图纸绘制要求如图12-6所示。

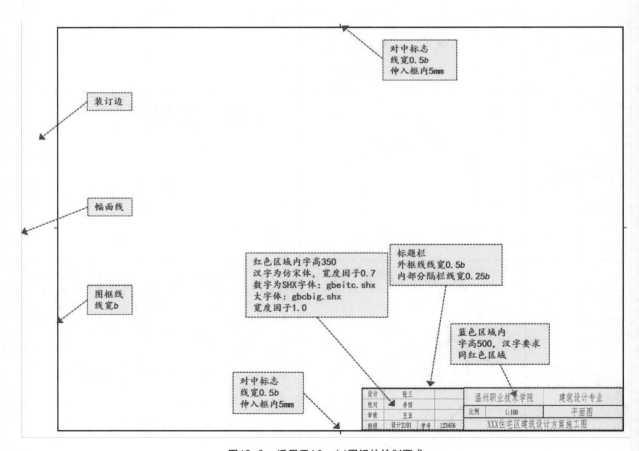

图12-6　适用于A0、A1图纸的绘制要求

A2、A3、A4图纸绘制要求如图12-7所示。

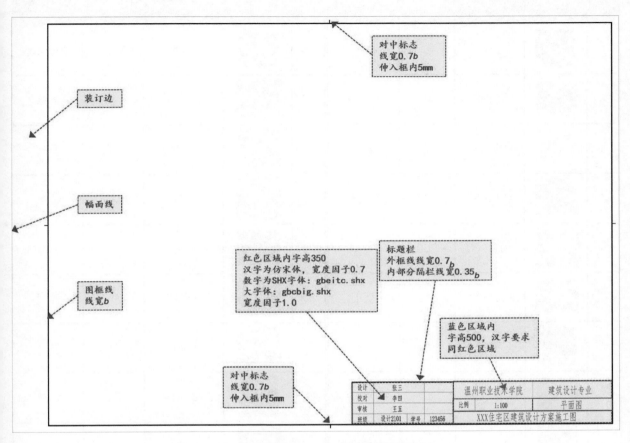

图12-7　适用于A2、A3、A4图纸的绘制要求

附录

CAD常用快捷键

序号	图标	命令	快捷键	说明	序号	图标	命令	快捷键	说明
1		LINE	L	直线	16		MTEXT	T,MT	多行文字
2		XLINE	XL	构造线	17		ERASE	E	删除
3		MLINE	ML	多线	18		COPY	CO,CP	复制
4		PLINE	PL	多段线	19		MIRROR	MI	镜像
5		POLYGON	POL	多边形	20		OFFSET	O	偏移
6		RECTANG	REC	矩形	21		ARRAY	AR	阵列
7		ARC	A	圆弧	22		MOVE	M	移动
8		CIRCLE	C	圆	23		ROTATE	RO	旋转
9		SPLING	SPL	样条曲线	24		SCALE	SC	缩放
10		ELLIPSE	EL	椭圆	25		STRETCH	S	拉伸
11		INSERT	I	插入块	26		TRIM	TR	修剪
12		BLOCK	B	创建块	27		EXTEND	EX	延伸
13		POINT	PO	点	28		BREAK	BR	打断
14		HATCH	H	图案填充	29		CHAMFER	CHA	倒角
15		REGION	REG	渐变色	30		FILLET	F	圆角

序号	图标	命令	快捷键	说明	序号	图标	命令	快捷键	说明
31		EXPLODE	X	分解	46		DIST	DI	测量
32		DIMLINEAR	DLI	线性标注	47		LIST		文本窗口
33		DIMCONTINUE	DCO	连续标注	48		LTSCALE	LTS	比例因子
34		DIMBASELINE	DBA	基线标注	49		NEW	CTRL+N	新建文件
35		DIMALIGNED	DAL	对齐标注	50		OPEN	CTRL+O	打开文件
36		DIMARC	DAR	弧长标注	51		SAVE	CTRL+S	保存文件
37		DIMDIAMETER	DDI	直径标注	52			CTRL+Z	撤销
38		DIMANGULAR	DAN	角度标注	53		COPYCLIP	CTRL+C	复制
39		LIMITS		模型空间界限	54		PASTECLIP	CTRL+V	粘贴
40		WBLOCK	W	写块	55			Z+空+A+空	全部显示
41		DIMSTYLE	D	标注样式管理	56			F3	对象捕捉
42		LAYER	LA	图层样式管理	57			F7	栅格
43		MATCHPROP	MA	特性匹配	58			F8	正交
44		MEASURE	ME	定距等分	59			F10	极轴
45		DIVIDE	DIV	定数等分	60			F11	对象捕捉追踪

参考文献

[1]民用建筑设计统一标准. GB 50352—2019 [S].北京：中国建筑工业出版社，2020.

[2]房屋建筑制图统一标准. GB/T 50001—2017 [S].北京：中国建筑工业出版社，2017.

[3]建筑制图标准.GB/T 50104—2010[S].北京：中国建筑工业出版社，2010.

[4]中南建筑设计院股份有限公司.建筑工程设计文件编制深度规定[M].北京：中国建材工业出版社，2017.

[5]建筑结构制图标准.GB/T 50105—2010[S].北京:中国计划出版社，2010.

[6]中华人民共和国住房和城乡建设部. 16G101混凝土结构施工图平面整体表示方法制图规则和构造详图[M]. 北京:中国建筑标准设计研究院，2016.

[7]傅华夏. 建筑三维平法结构识图教程.第2版[M]. 北京:北京大学出版社，2018.

[8]莫章金，毛家华.建筑工程制图与识图 [M].北京：高等教育出版社，2018.

[9]金方. 建筑制图. 第3版[M]. 北京：中国建筑工业出版社，2018.

[10] 中国建筑西北设计研究院，西安建筑科技大学建筑学院，北京奥兰斯特建筑工程设计有限公司. 建筑施工图表达[M]. 北京：中国建筑工业出版社,2008.